U0812485

乡村振兴研究文库

国家自然科学基金项目“鄱阳湖湿地灰化苔草分布的时空变化及水文驱动机制研究”（No:41101089）
河南省自然科学基金项目“鄱阳湖湿地洲滩优势植物水分利用策略及对水情变化的响应”（No: 212300410335） 联合资助
河南省地理学特色骨干重点学科

鄱阳湖湿地生态水文过程研究

Study on the eco-hydrological processes of Poyang Lake Wetland

周云凯◎著

中国经济出版社
CHINA ECONOMIC PUBLISHING HOUSE
·北京·

图书在版编目（CIP）数据

鄱阳湖湿地生态水文过程研究 / 周云凯著. --北京：中国经济出版社，2021.9

ISBN 978-7-5136-6592-6

Ⅰ. ①鄱… Ⅱ. ①周… Ⅲ. ①鄱阳湖-沼泽化地-生态系-区域水文学-研究 Ⅳ. ①P942.560.78

中国版本图书馆 CIP 数据核字（2021）第 166611 号

责任编辑 丁 楠
责任印制 马小宾
封面设计 任燕飞

出版发行 中国经济出版社
印 刷 者 北京建宏印刷有限公司
经 销 者 各地新华书店
开 本 710mm×1000mm 1/16
印 张 11.5
字 数 150 千字
版 次 2021 年 9 月第 1 版
印 次 2021 年 9 月第 1 次
定 价 68.00 元
广告经营许可证 京西工商广字第 8179 号

中国经济出版社 **网址** www.economyph.com **社址** 北京市东城区安定门外大街 58 号 **邮编** 100011
本版图书如存在印装质量问题，请与本社销售中心联系调换（联系电话：010-57512564）

版权所有 盗版必究（举报电话：010-57512600）
国家版权局反盗版举报中心（举报电话：12390） 服务热线：010-57512564

前　言

湿地是水陆之间的过渡区域，也是地球上生产力最高的生态系统之一，具有涵养水源、调节气候、净化水质、降解污染物和保护生物多样性等重要的生态功能。湿地生态水文过程包含水文过程和生态过程两个方面，水文过程影响着湿地植物生长发育和空间分布格局，也影响着湿地生源要素在植被和土壤系统中的迁移转化过程，进而决定着湿地生态系统的结构和功能。当前湿地生态水文研究的核心是水分与生物之间的关系，尤其是多时空尺度下湿地水文与生态格局、生态过程之间的相互作用和反馈机制。

鄱阳湖是我国第一大淡水湖泊，也是长江流域重要的通江湖泊之一，与长江存在着复杂的水力联系。受流域来水和长江的双重影响，鄱阳湖水位季节变化十分显著，洲滩“淹没—出露”频繁，这种节律性的水文变化和季节性的干湿交替过程塑造了鄱阳湖湿地独特的植被和土壤分布格局。近几十年来，随着气候变化和大型水利工程兴建运行等强人类活动的干扰，鄱阳湖水文情势已发生明显变化，这势必会对湿地植物生长发育过程、分布格局与群落结构产生重要影响，并引起湿地养分循环及其关键过程的改变。当前，我国学者围绕着鄱阳湖水位变化、江湖关系、植物群落与土壤养分等方面开展了较为全面的研究，也取得了一系列丰硕的研究成果，但对于水文过程与生态过程之间的作用机制和响应关系仍缺乏深层次的认知。

本书重点介绍鄱阳湖湿地植物生态、土壤养分循环关键过程和水文变化之间的作用与响应关系。在系统分析鄱阳湖湿地水文过程及其变化的基础上，从景观生态学角度探寻鄱阳湖湿地植被景观格局对水文变化的响应；根据野外生态监测资料，研究优势植物生长发育过程及其对节律性水文变化的生态适应机制，为进一步认识湿地“植物—水文”关系、揭示鄱阳湖湿地植被带状分布格局形成及植物群落演替机制提供基础理论支持。同时，本书还剖析了生源要素（氮、磷）在植物体和土壤中的迁移转化过程，阐述水分条件和植物对湿地氮磷营养元素变化产生的重要影响，研究结果有助于深入认识淡水湖泊湿地氮、磷养分循环的关键过程与运行机制。

本书内容是国家自然科学基金项目“鄱阳湖湿地灰化苔草分布的时空变化及水文驱动机制研究”（项目编号：41101089）和河南省自然科学基金项目“鄱阳湖湿地洲滩优势植物水分利用策略及对水情变化的响应”（项目编号：212300410335）的部分研究成果，并进行了适度的拓展，是近年来课题组围绕鄱阳湖湿地生态水文过程研究的阶段性总结和集成。同时，研究过程得到了中国科学院鄱阳湖湖泊湿地观测研究站的帮助，在此表达诚挚的谢意。在书稿撰写阶段，课题组成员给予了大力支持，其中白秀玲参与了第7章、第8章和第9章内容的整理，张梦迪参与了第2章内容的整理，王浩然参与了文献的整理，在此对他们的协助和辛苦付出一并表示感谢。

由于时间仓促和本人水平有限，本书内容难免存在不足之处，恳请读者批评指正。

周云凯

2021年6月1日于开封

目　录

第 1 章　绪论 ………………………………………… 001

1.1　湿地组成要素及作用 ………………………… 003

1.2　湿地生态水文研究概述 ……………………… 005

1.2.1　水文过程与湿地植被格局 ……………… 007

1.2.2　水文过程与湿地植物群落 ……………… 007

1.2.3　水文过程与湿地植物种群 ……………… 009

1.2.4　水文过程与湿地植物个体发育 ………… 010

1.3　鄱阳湖湿地生态研究概述 …………………… 011

第 2 章　鄱阳湖湿地概况 ………………………… 013

2.1　自然地理环境 ………………………………… 015

2.1.1　地理位置 ………………………………… 015

2.1.2　气候状况 ………………………………… 016

2.1.3　水文与泥沙状况 ………………………… 018

2.1.4　地貌与土壤状况 ………………………… 019

2.1.5　生物资源状况 …………………………… 020

2.2　鄱阳湖湿地生态环境问题 …………………… 022

2.2.1　江湖关系改变，旱涝灾害频发 ………… 022

2.2.2　污染加剧，水环境质量下降 …………… 023

2.2.3 植被退化，生物多样性减少 …… 025

第3章 鄱阳湖湿地水位变化过程研究 …… 027

3.1 数据来源 …… 030
3.2 研究方法 …… 030
3.2.1 线性趋势法 …… 031
3.2.2 Mann-Kendall 趋势检验法 …… 031
3.2.3 Mann-Kendall 突变检测法 …… 032
3.2.4 累积距平曲线法 …… 033
3.3 水位年内变化 …… 033
3.4 水位年际变化 …… 035
3.5 水位突变分析 …… 036
3.5.1 突变点检测 …… 036
3.5.2 突变前后水位差异 …… 037
3.6 本章小结 …… 040

第4章 鄱阳湖湿地苔草景观格局变化研究 …… 043

4.1 数据来源与处理 …… 047
4.1.1 数据来源 …… 047
4.1.2 影像处理 …… 047
4.1.3 研究方法 …… 048
4.2 苔草景观格局变化 …… 050
4.2.1 苔草景观结构变化 …… 050
4.2.2 苔草景观转移变化 …… 051
4.2.3 苔草景观质心迁移变化 …… 053

4.3 研究期间水位变化 …… 054
4.4 苔草景观对水文变化的响应 …… 055
4.4.1 苔草景观格局对水文变化的响应 …… 055
4.4.2 苔草景观转移对水文变化的响应 …… 057
4.4.3 苔草景观质心对水文变化的响应 …… 058
4.5 本章小结 …… 058

第5章 鄱阳湖湿地灰化苔草种群变化研究 …… 061

5.1 材料与方法 …… 065
5.1.1 样地设置 …… 065
5.1.2 研究方法 …… 065
5.1.3 数据处理与分析 …… 066
5.2 灰化苔草种群特征及其变化 …… 066
5.2.1 密度与株高 …… 067
5.2.2 生物量 …… 067
5.2.3 干鲜比 …… 071
5.3 水文条件空间分异 …… 071
5.4 灰化苔草种群特征分异 …… 073
5.5 灰化苔草种群的水文响应 …… 075
5.5.1 灰化苔草水分适应策略 …… 075
5.5.2 灰化苔草水分利用策略 …… 077
5.5.3 灰化苔草水文条件阈值 …… 077
5.6 本章小结 …… 079

第6章 鄱阳湖湿地灰化苔草固碳功能研究 …… 081

6.1 研究方法 …… 084

6.1.1 生物量测定 …… 084
6.1.2 分布面积提取 …… 085
6.1.3 固碳能力计算 …… 085
6.1.4 数据统计分析 …… 086
6.2 灰化苔草年内分布差异 …… 086
6.3 灰化苔草生物量空间分异 …… 088
6.4 灰化苔草固碳能力与固碳量 …… 089
6.5 湿地植物固碳能力差异 …… 090
6.6 本章小结 …… 092

第7章 鄱阳湖湿地灰化苔草氮磷变化研究 …… 093

7.1 研究方法 …… 097
7.1.1 样品采集与处理 …… 097
7.1.2 测定方法与计算 …… 098
7.1.3 数据统计分析 …… 098
7.2 灰化苔草生物量分配变化 …… 099
7.3 灰化苔草氮磷含量变化 …… 100
7.4 灰化苔草氮磷储量变化 …… 103
7.5 灰化苔草氮磷比（N/P） …… 106
7.6 灰化苔草氮磷变化机制 …… 106
7.6.1 灰化苔草氮磷含量变化机制 …… 106
7.6.2 灰化苔草氮磷储量变化机制 …… 108
7.6.3 灰化苔草生长限制性营养因子 …… 109
7.7 本章小结 …… 110

第 8 章 鄱阳湖湿地土壤氮素变化模拟研究 …………………… 113

8.1 材料与方法 …………………………………………………… 116

8.1.1 实验设计 …………………………………………………… 116

8.1.2 样品测定 …………………………………………………… 118

8.1.3 数据处理 …………………………………………………… 118

8.2 湿地土壤基本理化性质的变化 ……………………………… 118

8.3 湿地土壤全氮和有机氮的变化 ……………………………… 120

8.4 湿地土壤铵态氮含量的变化 ………………………………… 123

8.5 湿地土壤硝态氮含量的变化 ………………………………… 125

8.6 湿地土壤氮矿化与 pH 值关系 ……………………………… 127

8.7 本章小结 ……………………………………………………… 128

第 9 章 鄱阳湖湿地土壤磷素变化模拟研究 …………………… 131

9.1 材料与方法 …………………………………………………… 134

9.1.1 实验设计 …………………………………………………… 134

9.1.2 土壤磷含量及形态测定 …………………………………… 134

9.2 湿地土壤总磷含量的变化 …………………………………… 135

9.3 湿地土壤无机磷含量的变化 ………………………………… 136

9.4 湿地土壤有机磷含量的变化 ………………………………… 138

9.5 湿地土壤磷含量及形态变化机制 …………………………… 140

9.6 本章小结 ……………………………………………………… 142

参考文献 ……………………………………………………………… 144

第1章

绪 论

湿地是指陆地上常年或季节性积水和过湿的土地，与其生长栖息的生物共同构成的独特生态系统，是水陆之间的过渡区域，其与森林、海洋并称为全球三大生态系统。作为多种生态功能的综合体和生物重要生境之一，湿地在维护区域生态平衡、调蓄洪水、净化水质、保护物种多样性等方面具有其他生态系统所不可替代的作用，被誉为“地球之肾”“物种基因库”和“生命摇篮”。同时，湿地也是人类赖以生存和发展的环境条件，为人们生产和生活提供了丰富多样的物质资源和生活场所。近半个世纪以来，全球变化和人类活动导致的水文情势改变和极端水文事件已造成湿地出现面积锐减、植被退化、生产力下降、生物多样性降低和水质恶化等生态环境问题，湿地生态系统的健康与稳定以及自然资源的可持续利用受到不同程度的退化威胁。为此，开展湿地生态水文过程研究、保护现有湿地、修复退化湿地已成为国际社会普遍关注的热点领域。

1.1 湿地组成要素及作用

水文、植被和土壤是湿地三大核心组成要素，三者相互作用、相互影响，共同决定着湿地生态系统的结构和功能。

水是湿地生态系统物质循环和能量流动的主要媒介与载体，是影响湿地生物群落组成和分布的关键性因素，主导着湿地景观的形成。湿地水文过程通过水文要素（包括水位、淹水周期、淹没频率、水动力条件等）可改变湿地养分和氧的可获得性、土壤水分和盐含量、酸碱度以及沉积物特性等理化环境，制约湿地内部物理、化学、生物过程的运行，影响着湿地植被格局、物种多样性、初级生产力、有机质分解与积累、养分循环及有效性等方面，进而调节湿地植被、营养动力学和碳通量之间的相互作用关系，是湿地形成、发育和演化最重要的驱动力（崔丽娟等，2011；吴春笃等，2005；于文颖等，2007；章光新等，2014）。

湿地植物作为湿地生态系统的主要初级生产者，通过转化太阳能、吸收 CO_2、形成水合物等途径影响湿地能量流动和物质循环过程。湿地植被格局是湿地植物与气候、水文、地貌与土壤等环境要素相互作用形成的，客观反映湿地生态环境的基本特点和功能特性。湿地植物具有较强的环境指示作用，是湿地水文情势变化最为敏感的指标，也是湿地生态系统健康最为直接的“指示器”。湿地植被往往沿着某个环境梯度呈较为明显的带状分布特点，在宏观尺度上，淡水湿地（如河间带、湖岸带）植被表现出沿水分梯度的带状分布格局（李旭等，2009）。湿地植被和湿地水文之间存在着复杂的作用关系，湿地水文过程制约着湿地植物的生长发育、分布特征，形成具有不同组成和结构的植物群落，水文过程的改变是湿地植被演替的主要驱动力（章光新，2012；李亚芳等，2016）；而湿地植被则通过拦蓄沉积物、对地表水的阻挡与蓄积以及蒸腾作用反过来调节湿地水文过程。两者间的相互作用塑造出独特的湿地生物结构和营养结构，影响着湿地生态系统的稳定性和生态资源的可持续利用。

湿地土壤是湿地生物的基质和载体，是连接地上与地下生态过程的重要桥梁和纽带，不仅对湿地植物起着重要的固定作用，而且是湿地大多数动物和微生物赖以生存的活动场所，为湿地生物生长发育提供所需的多种养分。由于湿地特殊的水文和植被条件，湿地长期处于过湿状态和还原环境，抑制动植物残体的分解，长期累积后形成了富含有机质的土壤层或泥炭层，成为全球生态系统中重要的“碳库”，发挥着碳汇功能；同时，湿地水位变化引起的干湿交替，也导致土壤中有机质发生好氧和厌氧分解，产生的 CO_2、CH_4 等温室气体排放到大气中，使湿地在一定程度上也发挥着碳源功能，湿地土壤碳素的积累和释放在湿地生态系统碳循环及其引起的环境效应中起到关键作用（王红丽等，2008；崔巍等，2011）。此外，湿地土壤通过截留、沉淀、吸附、交换、氧化还原、代谢等途径影响到氮、磷、重金属等污染物质的蓄积、迁移、转化和循环过程，起到降解污染物和净化水质的重要功能作用。

1.2 湿地生态水文研究概述

生态水文学是生态学和水文学交叉形成的一门新兴边缘学科，旨在探索水文过程对生态系统结构与功能的影响以及生物过程对水循环要素的影响，重点揭示生态格局和生态过程的水文学机制（高富，2009；夏军等，2020）。相关研究理念最早源于 20 世纪 60 年代，在国际水文科学协会（IAHS）的十年水文计划（1965—1974 年）中提出了水文过程研究需要考虑来自生态等过程的影响。此后，诸多学者开始围绕生态过程与水文过程相互作用关系展开研究，由此衍生出生态水文学这一交叉学科。

“生态水文学”一词由 Ingram 在 1987 年首次提出，并于 1992 年在都柏林召开的国际水与环境大会上被正式确立为一门独立学科（夏军等，2003）。随后，联合国教科文组织（UNESCO）的国际水文计划（IHP）第五、第六阶段（1996—2001 年、2002—2007 年）在全球范围内开展了一系列相关研究，对于完善该学科的基础理论、方法体系以及开展生态恢复与保护奠定了坚实的基础；而第七、第八阶段（2008—2013 年、2014—2021 年）部分主题中将面向可持续发展的生态水文学研究作为重点领域（夏军等，2018；章光新等，2018），进一步推动了该学科的发展。

湿地生态水文学作为生态水文学的一个重要分支，研究内容主要聚焦在不同时空尺度下湿地生态过程、水文过程及两者之间的耦合关系上，目的在于揭示湿地水文格局时空变化与生态格局和生态过程间的相互作用和反馈机制，为湿地水资源科学管理和生态恢复与保护提供理论依据（章光新等，2014；严思睿等，2021）。

湿地生态水文过程是湿地生态水文学研究的重点方向，其研究核心是水文与生物（尤其是湿地植物）之间的关系，即水文过程与植物生态过程之间的相互作用（陆健健，2006）。从水分行为角度出发，湿地生态水文过程可分为生态水文物理过程、生态水文化学过程和水文过程的生态效应三个部分（黄奕龙等，2003；于文颖等，2007）。

湿地生态水文物理过程主要是指湿地植被覆盖和景观类型对降雨、径流、蒸散发等水分循环关键环节产生影响的过程，主要引起水分重新分配、水分循环过程发生改变。湿地生态水文化学过程主要是指湿地景观格局和水文要素对营养盐和污染物的分布、输移、转化、富集等方面产生影响的过程。人类活动引起的污染物质过度排放、水文情势异常和景观结构破坏已打破天然状态下湿地的生物地球化学循环过程，成为近年来湿地水质恶化和净化功能减退的重要驱动因素。湿地水文过程的生态效应主要指水文过程对湿地植物生长、分布和空间格局的影响。当前，有关学者围绕着湿地“植物—水文”关系，分别从景观、群落、种群、个体等角度开展了诸多湿地水文变化的生态效应与响应研究，这些研究成果对于深入理解湿地生态水文过程、认清湿地生态格局与生态过程变化的水文机制具有重要推动作用。

1.2.1 水文过程与湿地植被格局

湿地植被是湿地生态系统最显著的标志之一，也是湿地景观的重要组成部分，在不同的空间尺度上具有异质性和斑块性的特点。湿地植被格局是指湿地植物在其生活空间中的位置和布局状况，其形成与维持是湿地植被与气候、水文、地貌以及土壤等环境要素长期作用和适应的结果（李锋等，2018）。通常认为，水文过程控制着淡水湿地植被类型的组成与空间分布格局，淡水湿地植被往往沿水分梯度形成“沉水植被带—浮叶植被带—挺水植被带—湿生植被带”的空间分布模式（胡振鹏、林玉茹，2019）。然而水文过程的年内和年际变动会影响湿地植物的萌发、生长、分布高程与范围，引起湿地植被景观空间结构和格局的变化。

当前研究主要基于景观生态学角度，利用卫星遥感数据与地理信息技术对湿地植被进行识别，获取植被景观类型和景观格局指数，通过不同时期植被景观信息的对比，掌握湿地植被景观格局时空演变特征，结合湿地水文要素变化过程，辨识湿地水文过程对植被景观格局的影响（赵志轩，2012；查东平等，2015；周静等，2020）。另外，也有部分研究采用基于水文过程的湿地植被分布模型对优势植被景观分布格局进行定量模拟（Jiao & Zhou，2014；Ward et al.，2016），但该方法涉及参数较多，且参数间关系难以准确量化，应用范围十分有限，需进一步优化与完善。

1.2.2 水文过程与湿地植物群落

植物群落的形成与演变一方面取决于土壤中种子库和外来物种的相

互作用，另一方面受到湿地环境条件的制约。大量研究表明，在淡水湿地中，湿地水文条件影响着植物群落的物种组成、多样性以及空间分布（厉恩华等，2011）。不同的湿地植物对水文条件都有一定的适应范围（即生态阈值），随着水文条件的空间分异，湿地植物在空间上的分布呈现一定的规律性，即每种植物的分布范围都与特定的水文条件相对应。当水文条件发生变化时，植物会通过调整自身的生长发育来适应变化的水文环境，如果变化幅度超过了生态阈值，植物就会发生种群的替代现象，其群落结构和空间分布范围亦会随之改变。

一般情况下，短时间的水文情势变化对湿地植物群落特征影响较小，而较长时间的水文情势变化则会对湿地植被的群落特征甚至演替产生决定性的影响。一定区域内，水位的大幅度升降是引起湿地植物群落变化的主要驱动因素（刘永等，2006）。在水位变动过程中，长期的高水位维持将导致湿生植物、挺水植物和沉水植物分布范围向近岸方向扩展，并会引起喜淹的外来物种大量侵入、繁殖，降低群落的物种多样性和丰富度；而长期的低水位运行则会使沉水植物和挺水植物的分布范围向水域中心迁移，导致原群落优势种的优势度明显下降，群落结构发生变化甚至出现群落演替（Keddy & Reznicek，1986；Toner & Keddy，1997）。此外，随着湿地水位变动和干湿交替，植物群落将经历旱生—湿生—水生的相互转变。扎龙湿地和向海湿地在生境旱生化时优势植被为羊草草甸群落，而生境湿生化时优势植被为芦苇群落，两优势植被随湿地生境干湿交替而不断演替（田迅等，2004；王雪宏等，2008；杨帆等，2009）。莫莫格湿地在水分条件较好时，土壤含水量较高，踏头苔草群落占据优势，在水分条件较差时则为小叶章群落，并出现水分扰动条件下的小叶章群落与踏头苔草群落的交互演替现象（田迅、卜兆君，2004）。三峡水库蓄水后，形成明显的水库消落带，在交替淹水的环境下，原本存在的乔木群落和灌木群落无法适应高水位胁迫，群落优势度逐渐降低，许多乔灌群落发生消亡和演替，逐渐被湿生植物群落所取代（张志永等，2014）。

1.2.3 水文过程与湿地植物种群

水文过程变化影响植物种群的更新以及种间关系，改变湿地植物群落物种组成和结构，引起湿地植被群落发生波动或演替（Sorell et al.，2000；Raulings et al.，2010）。植物分布在适宜水文环境中，其竞争力最强、生长最为旺盛，但随着湿地水位的升高或降低，植物种间的竞争与存活能力发生一定程度的变化，尤其是洪水和干旱事件的出现，可能导致许多物种完全或部分消失，并被在新的水位条件下萌发的植物种群所取代（杨涛等，2010）。

在湿地植物群落中，不同植物对水分梯度表现出不同的响应特征。研究表明，许多湿地植物的种群密度和高度受到水位变化的影响。如三江平原典型湿地中小叶章和毛苔草的种群密度均表现出随水位的升高而降低；但两种植物种群高度对水位变化的响应存在差异，毛苔草种群高度随湿地水位的升高有明显的增加，但小叶章种群高度的变化很大程度上依赖于水位波动幅度的大小（杨涛等，2010）。鄱阳湖湿地芦苇种群也表现出相似的特征，种群密度随着水深的增加而有所降低，而种群高度则明显增加（许秀丽等，2014）。

植物群落中的种间竞争关系也会受到水位的影响。在水位适宜的条件下，植物种间竞争强度增大，而随着淹水和干旱胁迫加强，种间竞争强度会有所减弱，甚至转为促进作用（杨娇等，2014）。如三江平原的狭叶甜茱在低水位时会抑制毛苔草和小叶章的生长，而在水位升至一定高度后，则会促进毛苔草和小叶章生物量的积累（罗文泊，2008）。

1.2.4 水文过程与湿地植物个体发育

不同湿地植物对水分的需求和适应方式不同，湿地植物可通过形态发育的调整对水文过程变化做出一定的反应（王海洋等，1999；Deegan et al.，2007）。许多湿地植物地上部分通过茎的伸长生长，增加叶长、叶面积、节数和节间距等来适应水位的升高（罗文泊等，2007；柏祥等，2011），而地下部分则通过减少根长和根系的分布深度、增加根直径、产生气生根等来应对高水位产生的厌氧环境（Visser et al.，1996；Bouma，et al.，2001；杨娇等，2014）。

水文过程同样会对湿地植物生物量累积产生重要影响。在湿地形成适宜水深时，部分湿地植物（如菹草、刺苦草等）的单株生物量会随水深的增加而增大，呈显著的正相关；而超过适宜水深，植物水气交换受到限制，其生物量又与水深表现出负相关；但有些湿地植物（如狭叶甜茅、香睡莲）对水深响应并不敏感（徐金英等，2016）。此外，水文过程还会影响到湿地植物生物量的分配，如湿地植物 Scirpus ancistrochaetus 的根/茎比随着水位的升高而逐渐下降，而植物生物量受水位变化的影响较小（Lentz & Dunson，1998）；毛苔草根/茎比也随着水位的升高而降低，但植物生物量受水位变化的影响较大，水位周期性涨落对毛苔草的生物量累积最为有利（王丽等，2009）；外来克隆植物大米草在地表积水至株高的 1/3 处时最有利于植株的生长发育，但水位的大幅度变化对其生物量的累积十分不利，易导致种群出现衰退（李红丽等，2009）。可见，不同湿地植物个体发育过程对水文要素变化的响应方式存在显著差异。

1.3 鄱阳湖湿地生态研究概述

我国湿地研究兴起于20世纪60年代，早期研究主要集中在湿地分类、湿地资源调查、湿地功能和湿地保护等方面，而后逐渐开展了湿地水文动态（崔丽娟，1994；姜加虎等，1997）、湿地植被演替（黄进良，1999；姚成等，2009）和湿地景观格局变化（韩敏等，2005；白军红等，2008）等方面的研究。随着研究的逐步深入，湿地生态水文过程越来越受到重视，较为有代表性的研究如：王丽等（2009）通过水位控制模拟试验，探讨了水位梯度对三江平原上两种湿地植物——小叶章和苔草生长发育的影响；郭雪莲等（2008）通过野外长期观测，研究了三江平原不同水位梯度下三种苔草的生产能力差异；崔保山等（2008）通过野外采样调查，利用高斯模型确定了黄河三角洲翅碱蓬的水深生态阈值；吴春笃等（2005）通过对湿地植物与水文情势关系的研究，解释了北固山湿地芦苇呈带状分布的原因。目前来看，研究区域更多集中在东北沼泽湿地和滨海盐沼湿地，而以淡水湖泊湿地作为研究对象的相对较少。总体而言，我国在湿地生态水文过程的研究虽已取得了一些进展，但研究的广度和深度还十分有限。因此，在前期开拓性工作的基础上，如何进一步研究湿地水文过程与生态格局、生态过程的作用机制，是湿地生态水文学需要继续深入探讨的重要领域。

鄱阳湖是我国第一大淡水湖，由于其独特的水文情势，特别是变化剧烈的水位特征和季节性涨退水变化过程，孕育了大面积的天然湿地。在过去几十年，鄱阳湖区经历了大规模的围湖造田、退田还湖、三峡水库建成运行等影响深远的重大事件。由于受到江湖格局变化和人类活动的强烈影响，鄱阳湖湿地的水文环境和空间格局都发生了巨大变化，这为研究湖泊湿地生态系统变化提供了极佳场所。基于鄱阳湖在长江防洪体系中的重要地位，部分学者在水文水动力、湖泊变迁和江湖关系上开展了大量研究（闵骞，1995；姜鲁光等，2010；赖锡军等，2011）。在湿地植物研究方面，有关学者通过实地调查和遥感影像解译等手段，对鄱阳湖湿地植物的物种组成、空间分布和物质生产功能进行了研究，并形成了一系列研究论文与专著（朱海虹，1997；葛刚等，2015；吴桂平等，2015；谭志强等，2016；谢冬明等，2019）。此外，不少研究从系统角度出发，探讨鄱阳湖湿地植物与环境因子（特别是水文条件）之间的关系（胡振鹏等，2010；徐力刚等，2019；许秀丽等，2020）。这些工作的开展为鄱阳湖湿地生态水文过程研究提供了良好的科研基础和理论支撑。

第2章

鄱阳湖湿地概况

鄱阳湖是我国第一大淡水湖泊，也是长江流域重要的通江湖泊之一，是我国首批被列入国际重要湿地名录的自然湿地，被世界自然基金会（WWF）划分为全球重要生态区，同时也是我国亚热带地区保护较好的典型湖泊湿地。受上游“五河”（赣江、抚河、饶河、修河、信江）和长江的双重影响，鄱阳湖水位年内变化显著，呈现出“高水成湖，低水似河”“洪水一片，枯水一线”的独特自然景观。这种节律性的水文变化和季节性的干湿交替过程形成了独特的湿地生态系统，其在长江流域发挥着涵养水源、调蓄洪水、净化水质、保护生物多样性等重要的生态服务功能，对地区乃至国家的生态安全起着重要的保障作用。

2.1 自然地理环境

2.1.1 地理位置

鄱阳湖地处江西省北部、长江中下游南岸，古称彭蠡、彭蠡泽、彭泽，是形成于燕山运动时期的新构造断陷湖泊，地理位置为 28°22′N～29°49′N，115°47′E～116°45′E。鄱阳湖作为一个典型的吞吐型湖泊，与长江存在着复杂的水文、水动力交互，每年流入长江水量超过黄、淮、海三河水量的总和，对长江水位起着重要的调节作用（黄金国、郭志永，2007）。湖体南北长 173.0km，东西平均宽度为 16.9km，最宽处为

74.0km，最狭窄处为2.8km，位于入江水道的屏峰卡口处。当水位高程达21.71m（吴淞高程，下同）时，水域面积为3955km^2，容积为$3.0\times10^{10}m^3$（周方鑫、赵安，2005）。湖盆自东、西向中，由南向北倾斜，湖底高程由12.0m左右降至湖口约1.0m，其中最低处高程为-7.5m，位于蛤蟆石附近（马逸麟等，2003）。鄱阳湖形似葫芦，湖面以松门为界，分为南北两部分，南部湖面宽阔，为主湖区，北部湖面狭长，为入江水道区（张本，1988）。鄱阳湖流域边界大致与江西省边界重叠，流域总面积为$16.2\times10^4km^2$，占长江流域的9%，其中$15.7\times10^4km^2$位于江西省境内，约占江西省面积的94%（肖复明等，2010；刘惠英等，2012）。

2.1.2 气候状况

鄱阳湖地区位于东亚季风区，气候温和，四季分明，雨量充沛，属亚热带湿润季风气候。夏季盛行东南风，冬季盛行北风或偏北风。降水年内分配不均，季节性明显，春季冷暖气团交汇，带来锋面雨；夏季受副热带高气压带控制，降雨量不多，但是太平洋活跃的热带气旋会带来强降水；秋冬季受到西伯利亚冷空气的影响，降水较少，温度较低。多年统计资料显示（见图2-1），鄱阳湖地区年均气温在17℃左右，7月最高，平均气温约为30℃，极温为44.9℃；1月最低，平均气温为4.4℃，极温为-18.9℃，南部高于北部0.5~1.0℃。多年平均降水量为1482.3mm，6月最多，平均降水量为254mm，12月最少，平均降水量为42.4mm，降水主要集中在3—8月，6个月的降水总量为1094mm，占全年降水量的73.8%。多年平均蒸发量为1200mm左右，蒸发量空间分布上是湖中大，湖周小；时间分布上8月最大，其中7—9月的蒸发量之和占全年蒸发量的45%，1月最小，仅占全年蒸发量的3%。

鄱阳湖地区光热条件良好，无霜期为240~300天，多年平均日照时数达 1828.9 小时，年内分布呈单峰型，月日照时数峰值出现在 8 月，最小值出现在 3 月；多年平均太阳辐射总量为 $4.4\times10^{9}J/m^{2}$，年内变化较为显著，月太阳辐射总量以 7 月最大，达 $5.8\times10^{8}J/m^{2}$，2 月最小，为 $2.0\times10^{8}J/m^{2}$，太阳辐射能较大的月份主要集中在 5—9 月，占全年辐射总量的 56.7%。受热力条件和气压梯度的影响，该地区风速具有明显的日变化特点，白天风速明显大于夜间，日、夜风速差值在 7—10 月较大，其他各月相近，为 0.5~0.6m/s（周云凯，2009）。

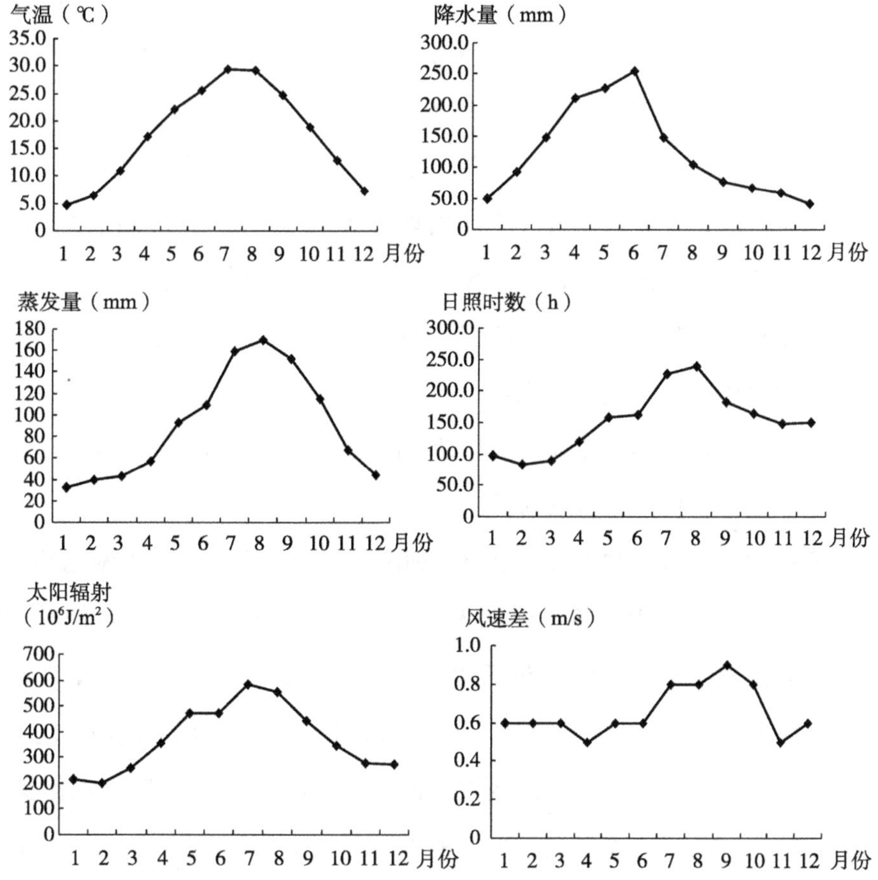

图 2-1　鄱阳湖地区气候特征

2.1.3 水文与泥沙状况

鄱阳湖在维系长江水量平衡方面发挥着重要作用，赣江、抚河、信江、饶河、修河五大支流分别从东、南、西三个方位汇入主湖区，是鄱阳湖除大气降水之外的另一重要水分补给源，湖水经湖盆调蓄后由湖口汇入长江，年均入江水量达 $1.5\times10^{11}m^3$，占长江平均年径流量的15.5%（肖复明等，2010）。鄱阳湖作为一个通江吞吐型湖泊，其水位涨落呈现一定的年内变化节律，汛期集中在4—9月，其中4—6月为“五河”主汛期，随着“五河”入湖水量增加，湖水位逐步上升，6月后“五河”来水锐减，水位变化趋缓；7—9月为长江主汛期，鄱阳湖水位受长江洪水顶托，湖口出湖水量减少，有时江水倒灌入湖，使湖水位下降缓慢甚至回涨，并导致“五河”尾间地区水位难以消退，直至10月湖水位才稳定下降，但当遇到长江水位较低的年份，鄱阳湖水位一般从8月就开始稳步下降，至12月或次年1月形成最低水位。周期性的水位涨落导致湖周滩地“淹没—出露”频繁，不断经历干湿交替变化过程。近年来，受全球气候变化和人类活动等因素的影响，鄱阳湖枯水期提前且延长，最低水位不断被刷新。

鄱阳湖的含沙量与季节、水位、湖区位置等因素相关。入湖泥沙主要来自流域内的五大河流，汛期入湖沙量大于出湖沙量，枯水期则相反。鄱阳湖多年平均入湖（包括“五河”控制站以下区间）沙量（悬移质，下同）为 2.1×10^7t，多年平均出湖沙量为 0.9×10^7t，湖泊年均淤积泥沙量为 1.2×10^7t。在入湖的五大河流中，以赣江输入泥沙量最多，信江次之，五条河流输沙总量为 1.8×10^7t，占入湖沙量的87.2%，最多年入湖沙量达 3.4×10^7t（1970年），最少年入湖沙量为 0.5×10^7t（1963年）。泥沙输送时间主要集中在“五河”汛期的4—7月，该期间的输沙量占年入湖沙量的 79.3%，而 5 月、6 月的输沙量占年输沙总量的 51.5%，9 月至次年 2 月的输沙量较少，6 个月输沙量之和仅占年输沙总量的 8.9%。

2.1.4　地貌与土壤状况

鄱阳湖地区地貌类型多样，自北向南依次为鄱阳湖平原、赣中丘陵和赣南山区，地势周高中低，三面环山，形似葫芦。鄱阳湖处于中部丘陵平原地区，区域内的主要地貌包括水道、洲滩、岛屿、内湖以及汊港等类型。其中水道包括东、西水道和入江水道；洲滩则包括泥滩、沙滩和草滩三类，沙滩主要分布于主航道两侧，高程低、面积小，草滩主要分布于入湖河流的三角洲地带，地势高、面积大，泥滩则分布于沙滩与草滩之间；鄱阳湖中的岛屿有近 50 个，大多分布在松门山以南的南部湖区，面积约占湖泊总面积的 2.5%，最大的岛屿为莲湖山；内湖主要分布在湖区的东、西、南部，丰水期各内湖连成一片，枯水期出露；汊港分布于主湖区的北部和东北部以及入江水道区东侧，共计 20 余处。

鄱阳湖地区是氮、磷营养元素和有机质的富集区，土壤肥沃，养分含量高，自古以来就适宜农作和进行水产养殖，素称“鱼米之乡”。区域内土壤类型多样，以草甸土、黄棕壤、红壤、水稻土为主，还有大面积的旱地土壤分布，从湖岸到湖心呈明显的带状分布（孟元可，2018）。这种分布格局主要受地貌形态、高程、植被类型等因素影响。草甸土土层深厚，土体疏松多孔，通透性良好，主要分布在海拔 14~18m 的沿江滨湖草滩，直接受地下水影响，在湿生和草甸植被覆盖下形成；黄棕壤一般土层较厚，土质黏重，在植被破坏的情况下，易发生严重的侵蚀，主要分布在海拔 20~60m 的二级阶地，是经济林、经济作物种植的重要区域；红壤在区内分布最为广泛，从海拔 20~30m 的低丘、岗地到海拔300~400m的高丘、山麓均有分布，土质贫瘠，其抗蚀性与黄棕壤相似，易发生严重侵蚀；水稻土是区内分布面积最大的耕作土壤，是人为长期水耕熟化的产物，分布于三角洲平原和宽谷平原，由于经过人类的长期改良，又处于地形相对稳定的平原地带，其抗蚀性良好；旱地土壤是区内黄棕壤、红壤、草甸土经人类长期耕作形成的旱作土壤，因耕作粗放，所以熟化程度较低（陈格君，2013）。

2.1.5 生物资源状况

鄱阳湖地区具有得天独厚的地理位置和自然条件，为野生动物的栖息、生长和繁殖提供了优越的生存环境，拥有丰富的植物、候鸟、鱼类、微生物等生物资源，有“珍禽王国”“候鸟天堂”“白鹤世界”之美誉。区域内动植物种类繁多且数量庞大，对生物多样性保护具有重要意义。目前建有国家级自然保护区2处，省级自然保护区8处。

鄱阳湖多变的水文条件形成多种不同类型的植物群落，湿地植物资源种类十分丰富。现已查明，鄱阳湖湿地分布有草甸、沼生植物共25科74种，浮游植物54科154种，水生维管束植物38科102种。由于洲滩高程不同，水热条件差异明显，植被从岸边向湖心随环境梯度和水深的变化呈不规则的带状分布，按建群种的生活型可分为4个植被带，即湿生植被带、挺水植被带、浮叶植被带和沉水植被带。枯水期洲滩出露面积大，以苔草为主体的湿生植物群落和以芦荻为主体的挺水植物群落分布范围广；汛期洲滩大部分被湖水淹没，马来眼子菜、苦草、黑藻、菱、荇菜等沉水植物群落和浮叶植物群落在湿地占据主体（程时长、卢兵，2002）。

鄱阳湖洲滩植物为大量的鸟类、鱼类及其他水生动物提供了生长、觅食、栖息和繁殖的生境，拥有丰富的鱼类、鸟类等物种资源，在维持生态平衡、保护生物多样性方面发挥着不可替代的作用。

鄱阳湖湿地已知的鸟类有17目55科310种，按居留型分，留鸟45种，冬候鸟155种，夏候鸟107种，迷鸟3种，是亚洲最大的候鸟栖息地。在310种鸟类中，有白鹤、白头鹤、大鸨、白鹳、黑鹳、中华秋沙鸭等10种国家Ⅰ级保护鸟类，小天鹅、鹈鹕、白枕鹤、灰鹤、加拿大鹤等44种国家Ⅱ级保护鸟类。每年鄱阳湖湿地吸引来自西伯利亚等地区数以十万计的珍稀水禽前来越冬，是鹤类、天鹅、鹳类等珍禽的主要越冬栖息地，世界上大约95%的白鹤选择在鄱阳湖越冬（廖奇志等，2009）。

鄱阳湖水域广阔，江湖相通，洄游性鱼类占40%，鱼、虾、底栖动物十分丰富，是重要的渔业生产基地，被誉为长江渔业资源的宝库。约有鱼类136种，占我国淡水鱼类种数的16.39%，以鲤科、鲍科、银鱼科等为主，鲤鱼、鲫鱼、草鱼、青鱼、鲢鱼、鳙鱼等是鄱阳湖最为主要的经济鱼类；除此之外，还有中华鲟、鲥鱼、银鱼、胭脂鱼、白鲟等珍稀鱼类（刘娟、傅勇，2009）。另外，鄱阳湖湿地约有两栖动物1目5科11种，底栖动物8科62种，爬行动物3目10科23种，水生昆虫11目40科168种，哺乳动物7目12科22种，浮生生物39科136种，是天然的物种基因库（陈正兴，2019）。

鄱阳湖湿地具有多种类型的湿地景观和特定的水文环境，形成了复杂多样的微生物群落。浮游细菌群落中最丰富的是变形菌门、拟杆菌门、放线菌门，此外还有厚壁菌门、浮霉菌门、疣微菌门等区别于其他淡水湖泊的类型，这与湿地的水文节律、营养盐以及重金属含量相关（刘亚军等，2019）。

2.2 鄱阳湖湿地生态环境问题

伴随着全球气候变化和水利工程建设、围湖造田、过度捕捞等人类活动的增强，鄱阳湖湿地在一段时期内遭到了严重破坏，生态平衡受到威胁。自20世纪50年代起，鄱阳湖流域严重的水土流失导致河道淤积、湖底抬高、调洪蓄水能力下降，洪涝灾害对长江中下游地区产生的威胁不断加重。同时，鄱阳湖湿地面积不断萎缩，原有部分湿地被大量泥沙覆盖导致生产力下降，动植物生存环境不断恶化，引起一些水生、湿生和沼生植物退化或消失，鱼类、鸟类资源大量减少。此外，鄱阳湖地区传统的农业生产造成农药、化肥、有机物、激素、固体废物等污染物质流入湖泊，加之生活污水和工业生产废水向水体的大量排放，使鄱阳湖部分湖区出现一定程度的富营养化现象（曾南京、文思标，2008）。目前来看，鄱阳湖湿地正面临着一系列的生态环境问题，具体表现在旱涝灾害多发、水环境恶化和生物多样性减少等方面（梁玉等，2011）。深入认识鄱阳湖湿地存在的问题及其成因，加强对鄱阳湖湿地的生态修复和保护已刻不容缓。

2.2.1 江湖关系改变，旱涝灾害频发

鄱阳湖与长江之间的相互作用被称为江湖关系。近年来，在自然演变和人类干扰的影响下，长江干流来水条件发生较大改变，干流冲刷明显，同流量下水位下降，导致长江对鄱阳湖的顶托作用减弱，鄱阳湖原来的水量下泻吞吐平衡被打破，形成新的江湖关系。水沙关系是江湖关系的核心（刘志刚、倪兆奎，2015；王容等，2020；夏少霞等，2016）。

鄱阳湖出、入湖泥沙量在不同时期差异非常显著。20世纪90年代

以前，鄱阳湖流域水土流失较为严重，“五河”入湖泥沙量呈增加趋势，且远大于湖口的出湖泥沙量，湖体总体表现为淤积，引起湖泊容积减小，洪水调蓄作用下降，加大了湖区洪涝灾害的发生风险；20世纪90年代以后，鄱阳湖流域上游水土流失得到一定程度的治理，同时进行了大规模的河流梯级开发，赣江万安水库、修水柘林水库等水利工程的建成，拦蓄了大量下泄泥沙，使鄱阳湖入湖泥沙量和淤积量出现大幅减少；特别是在1998年长江流域发生大洪水后，鄱阳湖区实行了大规模的退田还湖、移民建镇工程，加之湖区采砂活动以及航道整治等因素的影响，虽然鄱阳湖出湖泥沙量大于入湖泥沙量，容积有所扩大，调蓄功能得到一定恢复，但湖区洪涝灾害的威胁仍然较为严重。

长江干流的水文情势对鄱阳湖区旱涝灾害的发生具有重要影响。长江与鄱阳湖的水力联系主要表现在两个方面：一是长江对鄱阳湖的作用，主要是倒灌和顶托作用，二是鄱阳湖对长江径流的调蓄作用。20世纪70年代以来，鄱阳湖多次出现洪灾和旱灾，尤其是洪灾的频数和强度显著增加。研究发现，江湖关系的改变是鄱阳湖近年来旱涝灾害频发的一大原因（钟业喜、刘影，2003）。在强降雨期间，长江径流量增加，水位升高，对鄱阳湖产生倒灌或顶托作用，大量江水进入鄱阳湖，使湖区水位升高，易引发洪涝灾害；而在长江进入低水位期，尤其是三峡蓄水期间，这时鄱阳湖流入长江水量增加，湖泊水位下降加快，易引发秋季旱灾。

2.2.2 污染加剧，水环境质量下降

21世纪以来，江西省工农业生产发展迅速，城市化进程不断推进，大量污水、废物排入湖体，导致鄱阳湖水环境问题日益突出，水质呈持续下降趋势。造成鄱阳湖水环境质量下降的污染物主要分为两大类，一

是常规污染物，二是重金属污染物。

湖区水文水质资料显示，1991—2000年鄱阳湖水质较好，基本维持在Ⅰ类和Ⅱ类水质标准；2000年以后，湖区Ⅰ~Ⅱ类水质标准的水域面积大幅度减少，Ⅲ类及以上水质标准的水域面积明显扩张（王圣瑞等，2013）。通过鄱阳湖水环境监测发现，水体的主要污染物质为总氮和总磷（余进祥等，2009），氮磷超标易引起水体出现富营养化，进而导致鄱阳湖湿地生态系统失衡。在鄱阳湖区，水体的污染程度存在着时空分异。从时间尺度来看，丰水期水质明显优于枯水期水质，丰水年水质要比其他年份略好（刘倩纯等，2013）；从空间分布来看，鄱阳湖湖周氮磷浓度较高，湖中氮磷浓度相对较低，而且南部湖区的水质污染程度低于北部湖区（胡春华等，2010；王毛兰等，2008）。

监测结果显示，鄱阳湖水体及沉积物中存在多种重金属元素，包括Cu、Zn、As、Cr、Pb、Cd、Ni等，其中Cu、Zn、Pb等元素的含量呈现明显的上升趋势（李文明等，2014）。同常规污染物一样，鄱阳湖重金属污染物的浓度也存在着明显的时空分异，在时间上表现为枯水期高于丰水期，在空间上表现为湖区>入湖口>出湖口（李鸣、刘琪璟，2010）。伴随着工业化和城市化的发展，鄱阳湖水体富营养化和重金属含量超标的问题表现出进一步加剧的态势，这对鄱阳湖湿地生态系统的功能发挥造成了巨大的威胁。

鄱阳湖水环境质量下降是由多方面原因共同造成的，最主要的原因是进入湖体的污染物质增多，这些污染物质主要有两个来源，一是由鄱阳湖周边地区人类生产和生活活动产生的直接输入，二是由“五河”来水将流域上的污染物质携带入湖（李诒路，2015）。鄱阳湖区是我国重要的粮食主产区，传统农业发达，为提高农作物产量，获得更高的经济效益，农业生产过程中大量使用农药、化肥、激素、抗生素等化学物质，这些化学物质随着农田径流进入水体，造成鄱阳湖水质严重污染（曾南京、文思标，2008）。此外，湖区强烈的采砂活动使底泥中富集的污染物和营养盐释放出来，因此，人为扰动下的水体局部内源性污染也不容忽视。

鄱阳湖水质下降不仅与流域内污染物质的增加有关，也与鄱阳湖水体自净能力下降有着密切联系。早期鄱阳湖水量大、污染物质少，水体的自净能力较强，可以减缓甚至阻止水质恶化。近年来，湖泊面积、容积、入湖水量都有所减少，这在一定程度上削弱了鄱阳湖水体的自净稀释能力，加快了水环境质量的下降。

2.2.3 植被退化，生物多样性减少

20世纪80年代，鄱阳湖湿地植被总面积为2262km^2，随着工业化和城市化的发展，湿地植被遭到不同程度的破坏，总面积减少了约600km^2，不同植物种群分布面积变化趋势存在一定差异。研究发现，鄱阳湖沉水植物的分布面积呈现缩小趋势，苔草群落和芦苇群落的分布面积略有增加，虉草和蓼子草取代马来眼子菜成为优势物种（胡振鹏等，2015），鄱阳湖湿地植物丰富度和多样性有所减少，这种现象的出现是自然和人为因素共同影响的结果。一方面，鄱阳湖水文过程对植物生长有一定的节制作用。近年来，鄱阳湖水位波动加剧，秋季枯水期提前且逐渐常态化，洲滩出露时间较以往平均提前1~2个月，致使湖堤和湖岸的湿生植物向更低高程带下移，原湿生植物分布区逐渐演变为中生性草甸，同时水生植物和沼生植物也出现不同程度的减少（夏少霞等，2016）。另一方面，人为因素的干扰也是造成植被退化不可忽视的因素。20世纪90年代，鄱阳湖湿地进行了一些不合理的开发建设，无计划的大量养牛导致洲滩草场严重退化，大面积种植

速生杨树加重了区域的水土流失，使鄱阳湖湿地生产力严重下降（詹春森等，2013）。而大规模的围湖造田、围湖养殖对湿地生态系统破坏性极大，导致部分对环境比较敏感的植物（如马来眼子菜、水车前草、微齿眼子菜等）面积大幅度减少，甚至消失，湿地植被群落退化严重，多样性降低。

进入21世纪，鄱阳湖枯水期提前并延长，洲滩出露面积增大，鱼类适宜生存的水域生境一再萎缩，加之人类不合理的捕捞行为，给鄱阳湖鱼类带来了极大的威胁（张堂林、李钟杰，2007）。鱼类种群结构已发生明显变化，渔获物小型化、单一性、低龄化、低质化现象凸显（黄晓平、龚雁，2007；陈晓玲等，2013）。统计资料显示，青鱼、草鱼、鲢鱼和鳙鱼“四大家鱼”在渔获物中所占比例降低；刀鲚等洄游性鱼类显著减少，现已非常少见；鲟鱼、鲥鱼、银鱼等珍稀鱼类已濒临灭绝。

鄱阳湖湿地是众多鸟类栖息、觅食和繁殖的重要场所，但近一二十年来，前来鄱阳湖湿地越冬的候鸟种类和数量明显减少。食物资源是影响候鸟迁徙的一个重要因素，每年10月至次年3月，数以万计的候鸟前来鄱阳湖湿地越冬，湖区丰盛的水草、汇集在湖滩和积水洼地的各类鱼虾以及软体动物等是候鸟的主要食物来源，但强烈的人为干扰导致湿地植物和鱼虾资源减少，以草类和鱼虾为食的候鸟则会因食物匮乏而寻找新的栖息地（程时长、卢兵，2002；刘成林等，2011）。总体而言，鄱阳湖湿地在过度放牧、围垦、采砂、工程建设等人类活动以及极端水文情势的共同影响下，湿地优越的自然资源条件被改变，鸟类的生存环境遭到严重破坏，从而造成湿地鸟类生物多样性的减少（廖奇志等，2009；陈炼钢等，2019）。

第3章

鄱阳湖湿地水位变化过程研究

鄱阳湖受上游“五河”来水和长江来水的双重影响，水位年内变化剧烈，一般从每年春季水位开始升高，夏季达到最高值，秋季回落，至冬季达到最低值。4—6月为“五河”主汛期，湖泊水位逐渐升高，6月之后，“五河”来水减少，但在7—9月长江进入主汛期，受长江洪水的顶托作用，下游湖口出流量减少，有时甚至出现江水倒灌现象，鄱阳湖继续维持着高水位；10月之后，随着流域及长江来水大幅度减少，水位迅速下降，至次年1—2月达到最低。水位在年内的变化幅度可达10m以上，这与太湖、巢湖、洪泽湖等国内淡水湖泊的水情动态大不相同。

然而随着气候的波动和异常变化以及流域上大型水利工程修建等强人类活动干扰，鄱阳湖水文情势已发生很大程度的改变，湖区洪涝和极端干旱水文事件频发，水位波动加剧（郭华等，2012；李鹏等，2013）。尤其是近十余年，鄱阳湖退水时间提前，水位连续多年偏低（闵骞、占腊生，2012），导致出现洲滩出露时间延长、湿地植物群落分布高程和范围变动、渔业资源下降和候鸟觅食困难等生态问题（齐述华等，2014；郭振天等，2020），这给流域水资源开发利用以及鄱阳湖湿地生态系统功能发挥带来较大影响，许多学者开始逐渐关注鄱阳湖水文变化及其产生的生态效应，从不同角度对鄱阳湖湿地展开研究。如戴雪等（2014）研究了鄱阳湖水文节律变化特征及其与长江之间的水量交换关系；闵骞等（2012）、张永飞等（2016）对鄱阳湖秋季枯水特征及其成因进行了探讨；陈炼钢等（2020）利用生境数值模拟模型研究了鄱阳湖水位变化对苦草生境的影响；胡振鹏等（2010）、叶春等（2013）研究了鄱阳湖湿地植物分布和生长过程对水文变化的响应；谢冬明等（2011）则研究了水位变化对湿地景观格局的影响。

基于水位变化对鄱阳湖湿地生态系统产生的重要作用和影响，本章对鄱阳湖水位变化进行系统性研究，并对水位变化的趋势和突变状况进行分析，以期认清鄱阳湖水位变化的特征及规律，从而为鄱阳湖水资源利用与管理、湿地生态环境保护以及湖区社会经济发展提供科学指导和借鉴。

3.1 数据来源

鄱阳湖有星子、湖口、吴城、都昌、康山5个关键水文站，各水文站点之间具有相同或相似的水文节律特征，可在不同程度上代表主湖区的水情变化，而星子站地处鄱阳湖入江水道中部，受主湖区和长江的影响较为显著，且对其他站点的解释程度较高，可以较为全面地反映鄱阳大湖面的水情变化（戴雪等，2014），因此，本章选取鄱阳湖星子水文站的水位数据（吴淞基面，下同）对1970—2015年的鄱阳湖水位变化状况进行研究。

3.2 研究方法

本章利用线性趋势法和Mann-Kendall趋势检验法研究鄱阳湖水位的变化趋势；利用Mann-Kendall突变检测法和累积距平曲线法研究鄱阳湖水位的突变情况。

3.2.1　线性趋势法

线性趋势法主要用来研究气候或者水文要素的变化趋势，倾向系数使用一元线性回归方程（$y=a+bx$）的系数。当倾向率 $b>0$ 时，表示要素序列随时间的推移而呈上升趋势；当 $b<0$ 时，表示要素序列随时间的增加而呈下降趋势。b 值的大小可反映变化的速率，其绝对值越大，表明线性趋势越明显；反之，则趋势越不明显。

3.2.2　Mann-Kendall 趋势检验法

Mann-Kendall（M-K）趋势检验法是广泛应用于水文和气象要素变化趋势分析的一种非参数检验方法（郭小芹等，2010；陆志华等，2012；于延胜、陈兴伟，2011），该方法的优点是研究样本无须服从正态分布，也不受少数样本异常值的干扰，适合于类型变量和顺序变量的相关研究，通过标准的正态统计变量 Z 值来判断要素变化趋势及其显著性。

对某一时间数据序列 X_1，X_2，X_3，…，X_n，趋势检验统计变量公式为：

$$S=\sum_{i=2}^{n}\sum_{j=1}^{i-1}\mathrm{sgn}\ (X_i-X_j)$$

式中：$\mathrm{sgn}\ (\theta)$ 是符号函数，$\mathrm{sgn}\ (\theta)=\begin{cases}1 & \theta>0\\0 & \theta=0\\-1 & \theta<0\end{cases}$。

标准化的 Mann-Kendall 检验统计量 Z 值计算公式为：

$$Z=\begin{cases}\dfrac{S-1}{\sqrt{\dfrac{n\ (n-1)\ (2n+5)}{18}}} & S>0\\ 0 & S=0\\ \dfrac{S+1}{\sqrt{\dfrac{n\ (n-1)\ (2n+5)}{18}}} & S<0\end{cases}$$

如果统计变量 $Z>0$，表明是上升（或增加）趋势，若 $Z<0$，则表明是下降（或减少）趋势。在给定的 α 置信水平上，如果 $|Z|>Z_{1-\alpha/2}$，说明变化趋势在 α 置信水平上是显著的，即 $|Z|\geqslant 1.64$、$|Z|\geqslant 1.96$、$|Z|\geqslant 2.58$ 分别表示通过置信度为90%、95%、99%的显著性检验；相反，则变化趋势不显著。

3.2.3 Mann-Kendall 突变检测法

Mann-Kendall 突变检测法是水文学与气候学中经常用来进行要素突变检验的一种方法（康淑媛等，2009；时翠等，2012），该方法通过计算得到的统计序列 UF_k 和 UB_k 反映要素是否发生突变以及确定发生突变的时间点。

对于时间数据序列 X_1，X_2，X_3，…，X_n，M-K 检验的秩序列 d_k 可表示为：

$$d_k=\sum_{i=1}^{n}\gamma_i \qquad (k=1,\ 2,\ 3,\ 4,\ \cdots,\ n)$$

式中：$\gamma_i=\begin{cases}1 & x_i>x_j\\ 0 & x_i\leqslant x_j\end{cases}$

在时间数据序列随机且独立的假定下，定义统计量 UF_k：

$$UF_k=\frac{d_k-E(d_k)}{\sqrt{\mathrm{Var}(d_k)}},\ k=1,\ 2,\ 3,\ \cdots,\ n$$

式中：$E(d_k)$ 和 $\mathrm{Var}(d_k)$ 分别为序列 d_k 的均值和方差，计算方法为：

$$\begin{cases} E(d_k)=\dfrac{k(k-1)}{4} \\ \mathrm{Var}(d_k)=\dfrac{k(k-1)(2k+5)}{72} \end{cases}$$

将时间数据序列 X_n 逆序排列，重复上述检验过程并将结果乘-1，得到序列 UB_k，如果 UF_k 和 UB_k 两条曲线出现相交，即 $UF_k=UB_k$，且交叉点位于信度线之间，则 k 点即为可能的突变点。

3.2.4　累积距平曲线法

累积距平曲线法是对水文序列的距平值进行累积，并依据累积值对突变点进行判断的一种研究方法。其具体思路为：

给定一个随机序列 x_1、x_2、x_3、…、x_n，

$$y_i=x_i-\bar{x}\quad i=1,\ 2,\ \cdots,\ n$$

$$\bar{x}=\frac{1}{n}\sum_{i=1}^{n}x_i$$

$$s_i=s_{i-1}+y_i\quad i=1,\ 2,\ \cdots,\ n\quad s_0=0$$

y_i 为距平序列；s_i 为累积距平序列。根据计算得到的累积距平值绘制出 s_i 的曲线图，曲线上的峰值与谷值出现的时刻作为可能出现的突变点。

3.3　水位年内变化

通过对 1970—2015 年星子水文站水位数据进行分析，鄱阳湖月均水位年内呈现单峰型变化（见图 3-1）。1—7 月鄱阳湖受流域降水与“五河”（赣江、抚河、饶河、信江、修河）来水影响，水位逐渐上升，

该时期为鄱阳湖的涨水期，7 月平均水位达到最高，为 17.79m（吴淞基面，下同），其中 6—7 月水位上涨最快（见图 3-2）；8 月至次年 1 月，鄱阳湖上游来水逐渐减少，湖水位开始持续下降，该时期为鄱阳湖的退水期，至次年 1 月平均水位达到最低，为 9.13m，其中 8—9 月，由于长江中游进入主汛期，受长江洪水顶托和倒灌的影响，鄱阳湖水位下降幅度相对较小，9 月开始，随着流域降水和入湖水量的减少以及长江洪水的消退，鄱阳湖进入了快速退水期。其中 10—11 月水位下降最快（见图 3-2）。

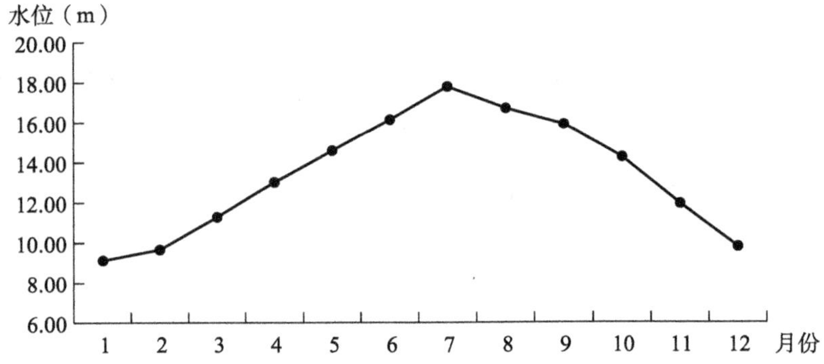

图 3-1　鄱阳湖水位年内变化

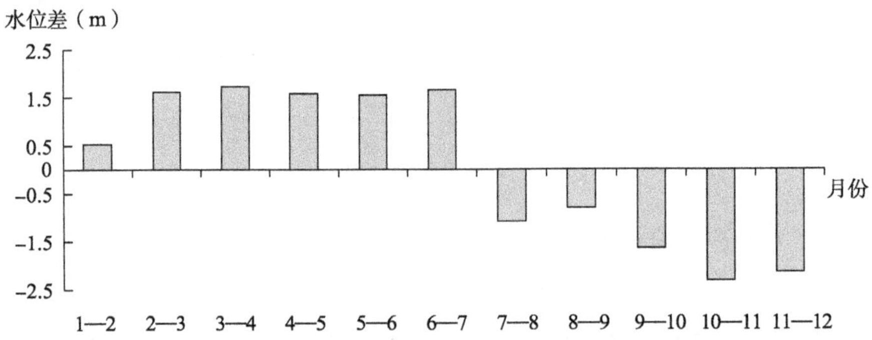

图 3-2　鄱阳湖多年平均月水位差值变化

然而在不同年份，鄱阳湖月均水位过程线略有差异，个别年份月均水位过程线呈现双峰型（如 2001 年、2005 年）。最高月均水位出现在 6—9 月，其中 7 月出现最多（占 60.9%），其次为 8 月（占 17.4%）；最低月均水位出现在 12 月至次年 2 月，其中次年 1 月出现最多（占 54.3%），其次为 12 月（占 32.6%）。

3.4 水位年际变化

1970—2015 年鄱阳湖年均水位波动频繁（见图 3-3），多年平均水位为 13.31m，最大值出现在 1998 年，为 15.61m，最小值出现在 2011 年，为 10.96m，年均水位最大差值为 4.65m。从年均水位多年变化曲线来看，1998 年最高水位之前，鄱阳湖年均水位围绕着某一稳定值振荡，无明显的升降趋势；而 1998 年之后，虽然鄱阳湖年均水位仍存在波动，但表现出一定程度的下降趋势。

鄱阳湖水位年内月均水位差显示（见图 3-4），近 46 年鄱阳湖月均水位年变幅多年平均值为 8.66m，最大值出现在 1998 年，为 12.96m，最小值出现在 2001 年，为 6.09m。其中，2002 年以前月均水位年变幅波动较大，但绝大多数年份高于多年平均值，而 2002 年以后月均水位年变幅相对稳定，基本维持在 8.2~10.1m（2006 年的 7.38m 除外）。

为了进一步准确判定研究期间鄱阳湖水位的整体变化趋势，基于 1970—2015 年鄱阳湖星子站水位数据，利用线性趋势法和 Mann-Kendall 趋势检验法分析鄱阳湖水位的变化趋势。线性趋势法分析表明，鄱阳湖水位在 1970—2015 年整体呈现下降趋势（见图 3-3），平均下降速率为 0.21m/10a，而 Mann-Kendall 趋势检验法计算的年水位统计量 Z 值为-1.98，$|Z|>Z_{1-\alpha/2}=1.96$（$\alpha=0.05$），结果也表明鄱阳湖水位在 1970—2015 年呈现下降趋势，并且通过了信度 95%的显著性检验。以上两种方法的分析结果均显示，1970—2015 年鄱阳湖水位整体呈现一

定的下降趋势。

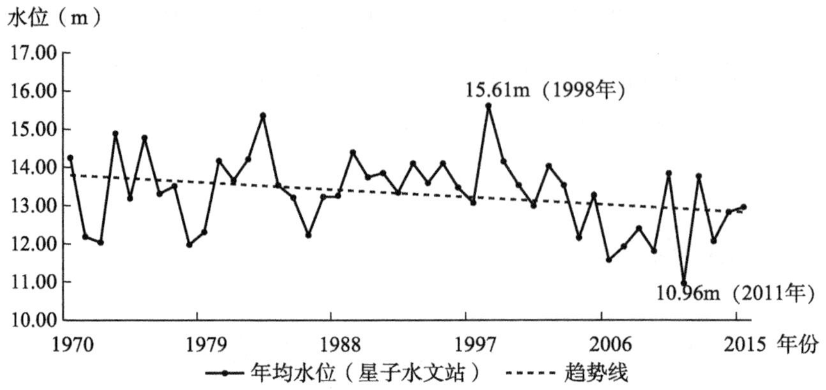

图 3-3　1970—2015 年鄱阳湖年均水位变化

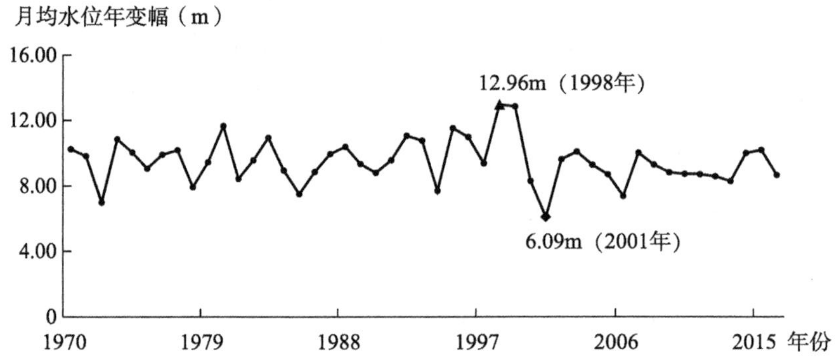

图 3-4　1970—2015 年鄱阳湖月均水位年变幅变化

3.5　水位突变分析

3.5.1　突变点检测

由于鄱阳湖 1970—2015 年水位波动频繁，且年际间差异较大，因此，有必要对湖水位进行突变检验，判断湖水位是否发生突变以及开始发生突变的具体年份。为此，利用 Mann-Kendall 突变检测法和累积距平曲线法来进行鄱阳湖水位的突变分析。

Mann-Kendall 突变检验曲线显示（见图 3-5），2005 年之前年均水位的 *UF* 线在零值线上下波动，表明此阶段水位变化极不稳定，趋势性不明显；虽然 1989—2005 年 *UF*>0，表明此阶段水位有一定程度的上升，但由于 *UF* 值未超出 0.05 的信度线，上升趋势并不明显。2005 年之后，*UF* 线在零值线以下，表明鄱阳湖水位在这一时期呈下降趋势，而且 2013 年以后 *UF* 线超过了 0.05 的信度线（-1.96），呈现显著性下降趋势。*UF* 和 *UB* 曲线在 2003 年出现相交，且交点位于 0.05 信度线之间，由此可初步判定 2003 年是鄱阳湖水位发生显著突变的开始点。

累积距平曲线显示（见图 3-6），2003 年鄱阳湖水位的累积距平值达到最大，为 10.25m，因此，利用累积距平曲线法可将 2003 年作为近 46 年鄱阳湖水位的突变点，结合 Mann-Kendall 突变检测法的判定结果，可进一步确定近 46 年鄱阳湖水位发生突变的时间点为 2003 年。

综合来看，利用不同的检测方法得到了较为一致的结论：近 46 年鄱阳湖水位在 2003 年发生突变。

3.5.2 突变前后水位差异

以突变开始点 2003 年为界，把鄱阳湖水位变化分为两个阶段（1970—2002 年、2003—2015 年），通过对比分析可揭示突变前后湖水位的显著差异。从水位年内变化情况来看（见图 3-7），突变前后年内月均水位变化过程均呈单峰型，但突变后的各月平均水位都较突变前相应月份出现不同程度的下降，其中，以 10 月下降最为明显，降低了 1.69m；而 3 月下降幅度最小，为 0.36m。从鄱阳湖年均水位距平值来看（见图 3-8），在突变点（2003 年）之前鄱阳湖年水位大多数年份都高于 1970—2015 年的平均水位 13.31m，该阶段的年水位平均值为

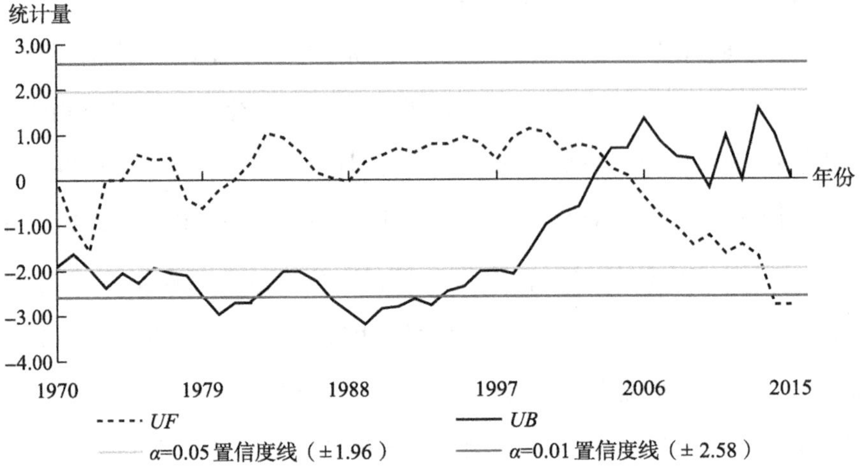

图 3-5　鄱阳湖水位 Mann-Kendall 突变检验曲线

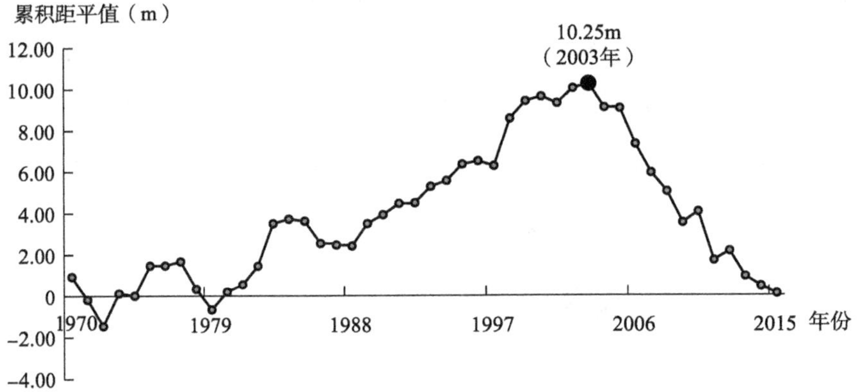

图 3-6　鄱阳湖水位累积距平曲线

13.61m；而突变点之后，除了 2010 年和 2012 年外，其他年份均低于多年平均水位，而该阶段年水位平均值为 12.55m，较前一阶段下降了 1.06m。可见，无论是月水位还是年水位，突变后都较突变前出现明显下降。

警戒水位和最低生态水位是对湖泊具有重要生态意义的两个特征水

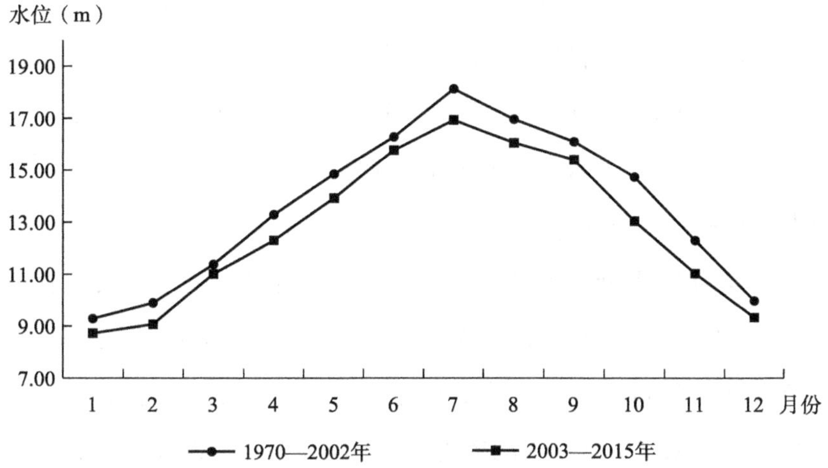

图 3-7　突变前后鄱阳湖水位年内变化

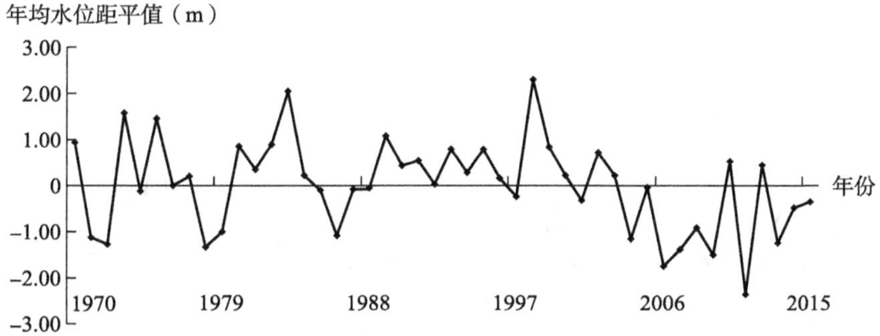

图 3-8　1970—2015 年鄱阳湖年均水位距平值变化

位。其中，警戒水位是指随着降水增加，湖泊水位不断上涨，当上升到一定程度后湖泊可能发生险情的水位；最低生态水位是维持湖泊生态系统完整性、保护生物多样性的最低运行水位，低于此值会对湖泊生态系统和正常的生态过程造成严重破坏（李新虎等，2007；刘永泉等，2008）。在此，将超过警戒水位作为鄱阳湖的高水位，将低于最低生态水位作为鄱阳湖的低水位，当湖泊水位处于高水位和低水位时，对湖泊生态系统正常运行会造成不利影响。通过分析突变前后高、低水位维持时间的差异，可在一定程度上反映鄱阳湖面临洪水和枯水威胁程度的变化。已有研究显示，鄱阳湖星子水文站警戒水位为 19.00m（胡振鹏等，2010），最低生态水位为 12.03m（刘剑宇等，2014）。经统计（见图 3-9），突变前（1970—2002 年）年内高水位（超过警戒水位）出现天数相对较多，平均为 21 天/年，而突变后（2003—2015 年）则相对较少，平均为 7 天/年；而低水位（低于最低生态水位）在突变前平均为 125 天/年，而突变后出现的天数明显增加，平均达到 176 天/年。这表明在突变后鄱阳湖面临的洪水威胁相对减轻，而枯水威胁则显著加重。因此，若未来降水和入湖径流未出现明显增加，则鄱阳湖的枯水现象及其生态效应需要引起社会更多的关注和研究。

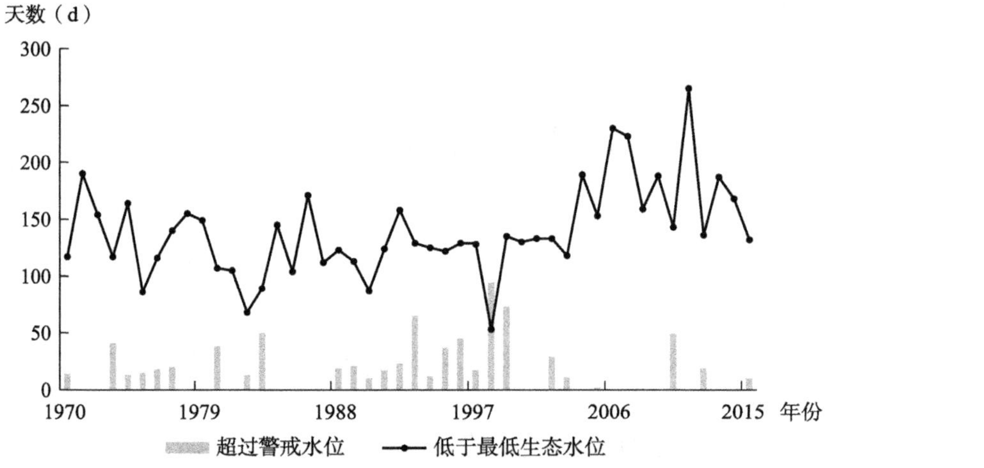

图 3-9　1970—2015 年鄱阳湖高、低水位变化

3.6　本章小结

鄱阳湖作为长江流域重要的通江湖泊之一，其水位变化受到自然因素和人类活动的双重影响，尤其近年来，气候异常变化和三峡水利工程运行使鄱阳湖水文情势发生明显改变，本章基于鄱阳湖星子水文站1970—2015年水位监测数据，利用线性趋势法、Mann-Kendall法以及累积距平曲线法对近46年鄱阳湖水位的变化特征及突变情况进行定量分析，主要得到以下结论。

（1）从多年的平均状况来看，鄱阳湖水位年内变化过程基本呈现单峰型，1—7月为涨水期，7月达到年内最高月均水位，其中6—7月涨水速度最快；8月之后湖水逐渐消退，至次年1月达到最低月均水位，10—11月湖水消退速度最快。

（2）1970—2015年，鄱阳湖水位波动频繁，1998年最高水位之前，鄱阳湖年均水位围绕着某一稳定值振荡，无明显的升降趋势；而1998年之后，虽然鄱阳湖年均水位仍存在波动，但较前期出现明显的下降；研究期间鄱阳湖水位整体呈现一定程度的下降趋势。

（3）鄱阳湖水位在2003年发生突变，突变后的各月平均水位都较突变前相应月份出现不同程度的下降，其中，以10月下降最为明显，降低了1.69m；而3月下降幅度最小，为0.36m；突变后年均水位由13.61m降低为12.55m，平均下降了1.06m，年内高水位出现天数明显减少，而低水位出现天数明显增多，鄱阳湖面临的洪水威胁相对减轻，而枯水威胁则有所加重。

第4章

鄱阳湖湿地苔草景观格局变化研究

景观格局变化是景观生态学领域长期关注的热点问题，湿地景观格局是指大小和形状不一的湿地景观斑块在空间上的排列，是各种生态过程在不同尺度上综合作用的结果（白军红等，2005）。其中，水文过程是淡水湿地景观格局形成与演变更为重要的控制性因素，主导了湿地植被基本的空间分布格局（黄奕龙等，2003；李旭等，2009）。不同的水文过程导致土壤水分梯度变化，引起湿地植物的分布范围和群落结构出现空间分异，形成不同的植被景观类型，并在空间上表现为一定的景观格局（曹庆等，2014；游海林等，2016）。在淡水湿地生态系统中，植被景观往往沿水分梯度呈现较为明显的带状分布格局（Bornman et al.，2008；黄群等，2013）。水文过程的年际变动，又会影响湿地植物群落的稳定性和物种多样性，当变动超过植物的耐受范围时，则会引起植物群落发生正向或逆向演替，从而导致植被景观格局发生改变（Bacon et al.，1993；Beauchamp & Stromberg，2007；李胜男等，2008；姚鑫等，2014）。

鄱阳湖由于水位节律性变化，洲滩各高程带的出露—淹没过程不一，形成不同的湿地水文环境和与之相适应的植物群落带。此外，由于水位年际间的波动性和多变性，使湿地原有水文环境遭到破坏，引起植物群落结构、分布范围及分布高程发生变化（余莉等，2010）。尤其近十几年来，受气候因素和三峡工程运行的影响，江湖关系发生显著变化（Dai et al.，2015），植被景观的空间格局随之发生明显改变（胡振鹏等，2015）。针对鄱阳湖湿地植被，早期更多地基于野外实地调查和遥感解译，研究鄱阳湖湿地植被类型、分布及其演化规律（葛刚等，2011；张全军等，2013；刘肖利等，2013）。近年来，许多学者开始关注鄱阳湖湿地植被演化与水文过程之间的关系，并取得了一定的研究进展（张丽丽等，2012；张萌等，2013；Dai et al.，2016；刘旭颖等，2016），但研究的广度和深度还有待进一步推进。

鄱阳湖湿地植被沿水分梯度总体呈较为明显的环带状分布格局，由湖岸向湖心方向分布的主要优势植物群落为芦苇群落（Phragmites）、南荻群落（Triarrhena）、苔草群落（Carex）、虉草群落（Phalaris）和沉水植物群落（Submerged plants）。芦苇群落与南荻群落多分布于16~18m高程的高位洲滩，每年3月前后开始萌芽，9—10月开花，11—12月开始枯萎；苔草群落与虉草群落多分布于12~16m高程的中低位洲滩，其中，苔草群落是鄱阳湖湿地分布最广、面积最大的植被群落类型（胡振鹏等，2010；吴琴等，2012），分为春草和秋草，春草一般2—5月为萌发生长期，丰水期被湖水淹没，大量死亡或进入休眠状态，秋草则在秋季退水期洲滩出露后开始生长，一般9—12月为萌发生长期，次年1—2月枯萎；虉草每年2月萌芽生长，至丰水期基本完成其生命周期，秋季洲滩出露后，只有少数虉草还可继续生长；沉水植物群落分布在12m高程以下且长期处于淹水状态的低洼地带（张全军等，2013）。在中等尺度下，受微地形和水分条件的影响，各植被类型在滩地上交错出现，构成湿地群落复合体结构和水平镶嵌结构（胡振鹏等，2010）。

本章基于景观生态学角度，利用遥感影像数据研究鄱阳湖湿地典型植被——苔草（Carex）景观的空间格局变化及其对水文变化的响应，研究结果对于进一步深入理解湿地植被景观格局演变和生态水文过程具有一定的理论价值，同时对于鄱阳湖湿地生态环境保护也具有重要的现实意义。

4.1　数据来源与处理

4.1.1　数据来源

研究所使用的数据包括遥感数据和非遥感数据两种。由于鄱阳湖水位年内变化剧烈，在高水位时，大部分洲滩植被为湖水所淹没，而在低水位时，洲滩植被出露水面，为避免水淹的干扰，在遥感影像选取时，尽量选择水位较低且苔草等植被生长较为旺盛的秋冬季影像，该时段鄱阳湖已基本进入枯水期，苔草等植物几乎全部出露水面，且此时苔草正值成熟期，与其他植被影像特征差异较为明显；另外，在秋冬季鄱阳湖区云雨较少，影像质量较高，便于进行遥感影像解译，因此，遥感数据最终选取了 1992 年 11 月 28 日、1999 年 12 月 10 日、2006 年 11 月 3 日和 2012 年 10 月 26 日的 Landsat TM/ETM+影像，其轨道号为 121/40，空间分辨率为 30m。① 非遥感数据包括鄱阳湖湿地范围图、野外考察采集的点位数据和鄱阳湖星子水文站水位数据。其中，鄱阳湖湿地范围是以鄱阳湖湖区 DEM 生成的 18m 等高线和湖区堤坝为界，提取与鄱阳湖连成一体且受鄱阳湖洪水影响的区域。

4.1.2　影像处理

遥感影像处理首先借助 ENVI4.7 软件对遥感影像进行波段合成；以 1∶50000 地形图作为参考图像对影像进行几何精校正；利用确定的鄱阳湖湿地范围作为掩膜对合成后影像进行裁剪；依据影像的光谱特征及计算得到的 NDVI 值，采用决策树分类法对秋冬季枯水期鄱阳湖湿地

① 数据来源于美国地质调查局网站（http：//glovis. usgs. gov）。

遥感影像进行解译。鄱阳湖湿地景观可分为非植被景观和植被景观。非植被景观包括水体、泥滩和沙滩；植被景观主要包括沉水植物群落、中低位洲滩的苔草与虉草群落、高位洲滩的芦苇与南荻群落。其中，沉水植被淹没于湖中，在TM/ETM+遥感影像中难以与水体区分，并与水体区域叠合，故分类时未单独划分，而将其归入到水体景观中；泥滩与沙滩合并为光滩景观；苔草、南荻、芦苇等植被是鄱阳湖湿地秋冬季最主要的优势植被类型，呈不规则的带状或片状分布，面积较大，其他的湿生植被（如虉草等）在秋冬季分布面积较小，且常与优势群落相混杂（吴建东等，2010）。另外，由于TM/ETM+影像的分辨率为30m，对于面积较小的植被类型难以准确解译出来。基于上述考虑，根据各景观的影像特征和植被的生长发育节律不同，本研究将鄱阳湖湿地景观分为水体景观（包括水体与沉水植物群落）、光滩景观（包括泥滩和沙滩）、苔草景观（以苔草为主，包括虉草、藜蒿在内的中低位洲滩植物群落）芦荻景观（以芦苇与南荻为主的高位洲滩植物群落）4种类型；利用野外采集的点位数据和目视判读数据进行解译精度评价，并通过人工目视纠正错分区域，确保遥感影像解译精度达到80%以上；最终形成鄱阳湖湿地景观类型图（见图4-1）。

4.1.3 研究方法

利用景观格局指数法研究苔草景观结构变化。基于斑块类型水平上选取景观类型面积（CA）、景观类型面积百分比（PLAND）、平均斑块面积（MPS）、斑块数目（NP）、斑块密度（PD）、平均形状指数（MSI）、平均分维数（MPFD）等指标，利用ARCGIS和FRAGSTATS4.0软件提取各景观格局指数，从分布面积、破碎化、形状方面研究苔草景观结构变化。各指标计算方法及生态意义参考了相关文献（黎聪等，2008）与Fragstats用户指南。

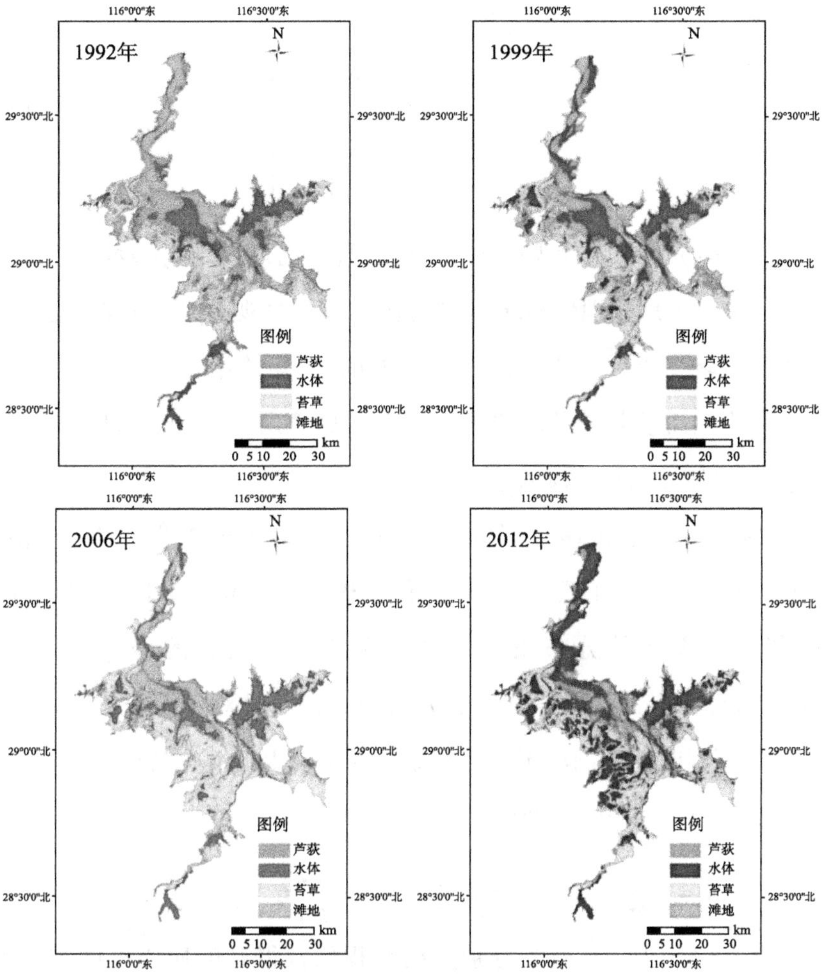

图 4-1　1992—2012 年鄱阳湖湿地景观分布

利用转移矩阵法研究苔草景观与其他景观类型间的相互转换。通过 ARCGIS 空间分析模块对 1992 年、1999 年、2006 年和 2012 年四期遥感影像解译图进行空间叠加分析，属性数据整理后得到 1992—1999 年、1999—2006 年和 2006—2012 年三个时段苔草景观与其他景观类型相互转化的面积。转移矩阵的表达式（乔伟峰等，2013）为：

$$S_{ij}=\begin{bmatrix} S_{11} & S_{12} & \cdots & S_{1n} \\ S_{21} & S_{22} & \cdots & S_{2n} \\ \cdots & \cdots & \ddots & \cdots \\ S_{n1} & S_{n2} & \cdots & S_{nn} \end{bmatrix} \tag{4-1}$$

式（4-1）中：S 代表面积；n 代表转移前后景观类型数；i、j（i，$j=1$，2，…，n）分别代表转移前与转移后的景观类型；S_{ij}表示前一期的 i 类景观转变成后一期的 j 类景观的面积。矩阵中每一行元素代表前期 i 类景观向后期各类景观的流出信息，每一列元素代表后期的 j 类景观从前期的各类景观的流入信息。

利用分布质心迁移法研究苔草景观空间分布的变动情况。借助 ARCGIS 的空间分析工具生成 1992 年、1999 年、2006 年和 2012 年 4 个时期苔草各斑块的分布质心，并生成各斑块质心的经纬度，运用式（4-2）计算得到各期苔草景观分布质心，通过对景观分布质心的比较，反映不同时期鄱阳湖湿地苔草景观在空间上的变化特征。质心坐标的计算公式（宫兆宁等，2011）为：

$$X=\left(\sum_{i=1}^{n} C_iX_i\right)\Big/\left(\sum_{i=1}^{n} C_i\right)；\ Y=\left(\sum_{i=1}^{n} C_iY_i\right)\Big/\left(\sum_{i=1}^{n} C_i\right) \tag{4-2}$$

式（4-2）中：X 和 Y 分别为按面积加权得到的质心经度与纬度；X_i 和 Y_i 分别为苔草景观第 i 个斑块的经度与纬度；C_i 为苔草景观第 i 个斑块的面积；n 为苔草景观的斑块总数目。

4.2 苔草景观格局变化

4.2.1 苔草景观结构变化

研究期间，鄱阳湖湿地苔草景观面积经历了先逐渐增大后又减小的变化过程（见表 4-1），最大分布面积为 2006 年的 1019.7km^2，占研究区面积的 33.73%，与 1992 年相比，苔草景观面积增加了 423.21km^2，扩张近 71.00%；2012 年苔草景观面积为 737.72km^2，较 2006 年减少了 281.98km^2。斑块数目、斑块密度与景观类型面积的变化趋势一致，而平均斑块面积表现为先逐渐减小后又增大，这表明苔草景观的破碎化程度也经历了先增大后减小的变化过程。从景观形状来看，四期的平均分维数和平均形状指数无明显的变化趋势，基本保持稳定，说明苔草景观在自然状态下形状的不规则性变化较小。

表 4-1　1992—2012 年苔草景观格局指数

年份	景观类型面积（hm^2）	景观类型面积百分比（%）	平均斑块面积（hm^2）	斑块数目（个）	斑块密度（个/hm^2）	平均形状指数	平均分维数
1992	59648.82	19.70	24.03	2482	0.82	1.408	1.056
1999	70273.00	23.19	23.00	3054	1.01	1.429	1.058
2006	101970.12	33.73	20.67	4936	1.63	1.339	1.055
2012	73771.69	24.39	32.96	2239	0.74	1.389	1.056

4.2.2　苔草景观转移变化

苔草景观除了面积发生变化外，其分布区域也在研究期间发生明显改变，这意味着苔草景观与其他景观类型之间进行着较为频繁的转入与转出。由表 4-2 可知，1992—1999 年，苔草景观主要与芦荻景观以及光滩景观发生相互转换，而与水体景观的转换极少。该阶段苔草景观转出的主要方向为芦荻景观，有 114.94km^2 的苔草景观转变为芦荻景观，占转出总面积的 70.00%，转为光滩景观部分占转出总面积的 27.32%；而转入部分也主要来自芦荻景观，共有 142.82km^2 的芦荻景观转变为苔草景观，占转入量的 52.96%，而光滩景观有 124.85km^2 转变为苔草景观，占转入量的 46.30%。1999—2006 年，苔草景观面积进一步扩大，达到 1019.70km²，该阶段苔草景观转出方向仍以芦荻景观为主，占转出总面积的 76.92%，转为光滩景观部分占转出总面积的 15.67%；而转入部分则与前一阶段不同，光滩景观成为该阶段的主要转入景观类型，占转入总面积的 57.66%，而芦荻景观的转入部分占总量的 28.32%，此外，也有 66.17km² 的水体景观转变为苔草景观，占转入总量的 14.02%，明显高于上一阶段。2006—2012 年，苔草景观面积发生大幅度减少，有 506.39km² 的苔草景观转出为其他景观类型，其中有 297.31km² 转变为水体景观，占转出总面积的 58.71%，是该阶段的主要转出方向；其次是光滩景观，转出面积为 126.14km²，占 24.91%。与此同时，也有部分其他景观转入为苔草景观，最主要的转入来源为芦荻景观，转入面积为 155.22km²，占转入总面积的 69.17%，另外，还有 29.46%来自光滩景观，而水体景观转入部分极少，仅占转入部分的 1.37%。

通过上述分析可以看出，研究期间苔草景观与其他景观类型之间进行着频繁的相互转换，但不同时段其转移方向及转移量存在较大差异。1992—1999 年与 1999—2006 年，苔草景观主要转出为芦荻景观，2006—2012 年则主要转出为水体景观；而三个时段的转入部分主要来自芦荻景观和光滩景观，占总转入量的 92%以上。

表 4-2　三个时段苔草景观与其他景观类型之间转移　　单位：km²

时段		芦荻景观	水体景观	光滩景观	总计
1992—1999 年	转入	142.82	2.01	124.85	269.68
	转出	114.94	4.38	44.86	164.18
1999—2006 年	转入	133.66	66.17	272.18	472.01
	转出	118.61	11.43	24.16	154.20
2006—2012 年	转入	155.22	3.07	66.12	224.41
	转出	82.94	297.31	126.14	506.39

4.2.3　苔草景观质心迁移变化

研究期间，苔草景观分布质心均位于大湖区的西南部，但不同时期，分布质心的迁移方向有所不同。1992—1999 年，鄱阳湖湿地苔草景观分布质心向西北方向偏移了 739.87m，整体向赣江中支入湖河口形成的三角洲方向推进，质心点高程由 1992 年的 12.94m 略升高到 1999 年的 13.01m；1999—2006 年，苔草景观分布质心又向东偏南方向偏移了 1527.19m，年均偏移量（218.17m/a）明显大于前一阶段（105.70m/a），该时期质心点向远离湖岸方向推进，质心点高程发生明显降低，降低了 0.36m；而 2006—2012 年，分布质心向南迁移 477.38m，年均偏移量（79.56m/a）最小，质心点高程升高了 0.12m，这一阶段分布质心略表现出向湖岸方向推进（见图 4-2）。

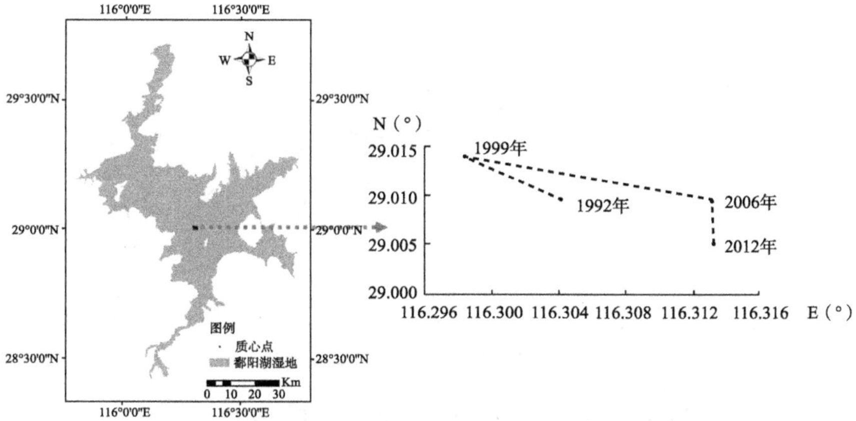

图 4-2　苔草景观分布质心迁移变化（1992—2012 年）

4.3 研究期间水位变化

1992—2012 年，鄱阳湖年均水位波动频繁（见图 4-3），平均水位为 13.20m，最大值出现在 1998 年，为 15.61m，最小值出现在 2011 年，为 10.96m，年均水位最大差值为 4.65m。从多年变化曲线来看，研究期间，鄱阳湖年均水位整体表现出一定的下降趋势。在研究的四个年份中，2006 年为相对枯水年，年均水位为 11.55m，低于多年平均值 1.65m；1999 年为相对丰水年，年均水位达到 14.12m，高于多年平均值 0.92m；而 1992 年与 2012 年的年均水位也高于多年平均值，分别为 13.33m 和 13.74m。

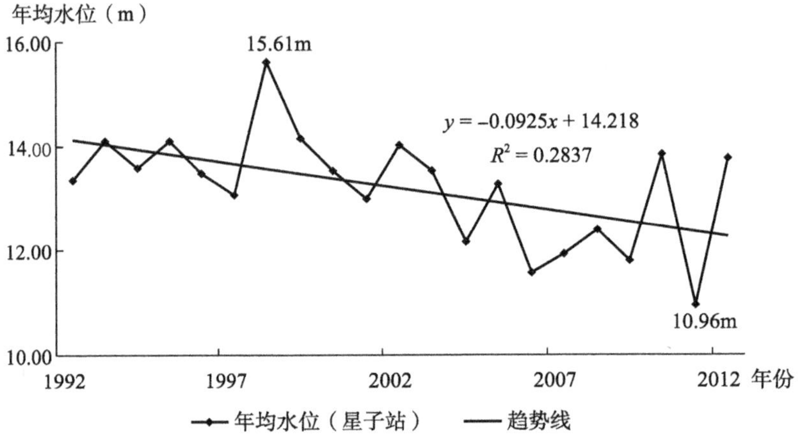

图 4-3　鄱阳湖年均水位变化（1992—2012 年）

受入湖河流及长江径流过程的影响，不同年份鄱阳湖水文变化过程有所差异。研究期间，水位年内变化虽然均呈单峰模式（见图 4-4），但 2006 年水位变化过程最为平缓，最高水位为 16.72m，最低水位为 7.84m，年内变幅为 8.88m；而 1999 年水位变化过程最为剧烈，最高水位达到 21.71m，最低水位为 7.83m，年内变幅达到 13.88m，1992 年和 2012 年的水位变化过程则介于前两者之间，年内变幅分别为 12.41m 和 11.84m。若以年内最高水位为界将鄱阳湖水位过程分为涨水和退水两个阶段，则 2006 年退水时间相对提前（6 月 21 日），退水过程最为缓慢，日均水位降低 0.05m；2012 年退水时间相对滞后（8 月 13 日），退水过程相对较快，日均水位降低 0.07m；而 1999 年自 7 月 21 日开始退水，退水阶段水位日均降低值最大，为 0.08m/d。

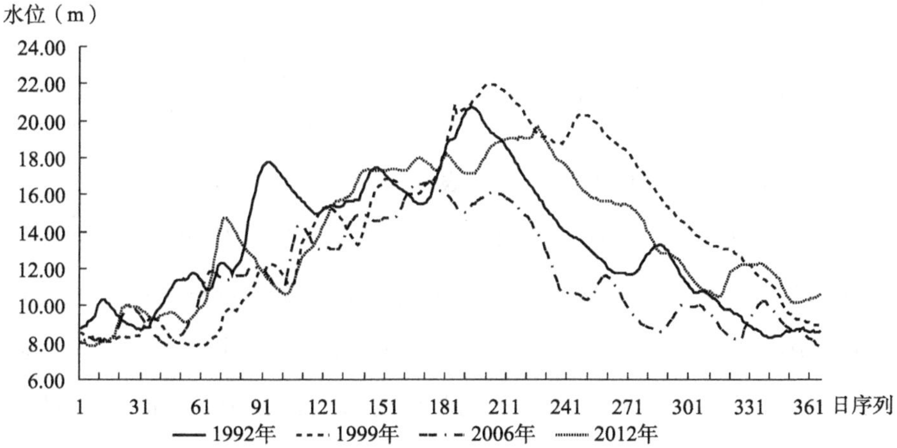

图 4-4 研究年份鄱阳湖水位变化过程

4.4 苔草景观对水文变化的响应

4.4.1 苔草景观格局对水文变化的响应

鄱阳湖湿地苔草景观的空间分布主要受地貌及水文条件影响。对于秋季苔草而言，地貌高程与湿地退水过程的影响更为重要。从苔草的分布高程来看（见表 4-3），研究的四个年份中，苔草均分布在 16m 高程以下，其中 12~14m 高程带是苔草最为主要的分布区，但不同年份各高程带上苔草面积占比不同，反映了苔草主要分布高程的变化。在枯水年（2006 年），12m 以下高程的苔草面积占比高于其他年份，而 14～16m 高程的面积占比低于其他高程，说明枯水年的低水位引起苔草分布高程出现一定程度的下移。

表 4-3　不同高程带苔草景观面积百分比构成　（%）

年份	高程			
	<12m	12～14m	14～16m	≥16m
1992	11	73	16	0
1999	17	65	18	0
2006	24	62	14	0
2012	19	60	20	0

从苔草景观分布面积来看（见表 4-1），枯水年（2006 年）苔草面积远高于其他年份，但最小面积并未出现在丰水年（1999 年），而是出现在相对的平水年（1992 年），这说明水位仅是影响苔草景观分布的重要影响因子之一，苔草景观的分布还受到其他水文因子的影响。通过对四个年份退水过程分析发现，不同年份退水过程各阶段历时差异明显（见表 4-4），在苔草分布的主要高程区间，水位由 16m 降到 14m，以苔草分布面积最大的 2006 年历时最长（36d），其次为 2012 年（29d），而苔草分布面积最小的 1992 年历时最短（14d）；当水位由 14m 继续下降到 12m 时，以 2006 年历时最短（8d），其次为 2012 年（18d），而 1992 年则历时最长（41d）。结合四个年份的苔草景观面积可发现，中滩位（14～16m 高程带）的退水历时长且低滩位（12～14m 高程带）的退水历时短，苔草景观面积大，反之则小。据此可初步推测，中滩位的缓慢退水和低滩位的快速出露联合作用下的水文经历更有利于苔草的萌芽生长与扩张，形成面积较大的苔草景观；相反，中滩位的快速退水和低滩位的缓慢出露联合作用下的水文经历则会对苔草的萌发与分布产生

抑制作用，这在一定程度上反映了退水过程对苔草景观分布具有重要影响。

表 4-4　退水过程不同阶段经历时间

单位：d

年份	阶段		
	最高水位→16m	16m→14m	14m→12m
1992	33	14	41
1999	83	17	30
2006	18	36	8
2012	26	29	18

与此同时，随着水位的年际间升降，苔草景观空间结构也发生相应变化。在低水位年份（2006 年），鄱阳湖湿地的洲滩大面积出露，尤其在“五河”河口及湖心地带，由河流冲淤作用形成诸多大小不一的洲滩出露水面，在一定的高程带上形成了苔草适生的水文环境，苔草开始萌芽、生长，苔草空间上呈较为明显的片状分布格局，该年份苔草斑块数目较多，而平均斑块面积较小，苔草景观的破碎化程度相对较重；而在高水位年份（1999 年），由于河口与湖中部分洲滩被水体所淹没，苔草的分布区域主要集中在湖周及河口地带的高程相对较高的洲滩上，苔草景观空间上呈条带状分布格局，该年份苔草分布的斑块数目较少，平均斑块面积较大，景观破碎化程度相对较轻。而斑块平均形状指数与平均分维数对水位变化并不敏感，苔草斑块始终在自然状态下呈现出不规则状。

4.4.2　苔草景观转移对水文变化的响应

由于水位年际间的变动，苔草分布区域及分布高程发生改变，导致苔草景观与其他景观类型间不断进行转换。处于相对的高水位年份（如 1999 年、2012 年），苔草分布高程有所上移，侵占先前的芦荻景观分布区，然而由于湿地洲滩地貌的复杂性以及水文情势的多变性，部分原苔草生长区域形成更有利于芦荻生长的水文环境，引起苔草景观被芦荻景观所取代。此外，还有部分原苔草分布的低位洲滩由于长期的水淹而不利于苔草自身的生存，转变为光滩和水体景观。处于相对的低水位年份（2006 年），苔草的分布高程有所下移，部分光滩被苔草所侵占，原苔草分布的高位滩地则转变为芦荻景观，此外，受局地特殊的水文与地貌条件影响，也有部分芦荻景观转变为苔草景观。

4.4.3 苔草景观质心对水文变化的响应

随着苔草分布区域与分布高程的变化，苔草景观的分布质心也不断发生迁移。从景观质心迁移方向与水位变化情况可以看出，苔草景观质心迁移方向与水位升降紧密相关。在水位上升时期（1992—1999 年、2006—2012 年），苔草的主要分布区域向湖岸带和入湖河流河口区的较高滩位转移，其景观质心会向湖岸方向迁移；而在水位降低时期（1999—2006 年），苔草分布高程下降，湖中出露的滩地、入湖河流河口以及湖岸带的中低滩位被苔草侵占，其主要分布区域向湖心低位洲滩方向扩张，从而引起分布质心向湖心方向迁移。

4.5 本章小结

本章利用 1992 年、1999 年、2006 年、2012 年四期 Landsat TM/ETM+遥感影像数据，从景观生态学角度出发，分析了鄱阳湖湿地典型植被——苔草景观的空间变化，并对其与水文过程变化之间的关系进行了初步探讨，主要得到以下结论：

（1）近 20 年间，鄱阳湖湿地苔草景观发生显著变化。景观破碎化程度经历了先增大再减小的变化过程，而苔草斑块形状的不规则性则变化不明显；与此同时，苔草景观与其他景观类型进行着较为频繁的相互转换，转入部分主要来自芦荻景观和光滩景观，而转出部分不同阶段有所差异，1992—1999 年与 1999—2006 年苔草景观主要转出为芦荻景观，而 2006—2012 年主要转出为水体景观；苔草景观分布质心在 1992—1999 年沿西北方向向湖岸推进，1999—2006 年又沿东略偏南方向向湖心转移，而 2006—2012 年大致沿正南方向向湖岸推进。

（2）鄱阳湖湿地秋冬季苔草景观分布主要受地貌高程和水文过程影响。苔草景观分布在 16m 高程以下，而 12~14m 高程带是其最主要的分布区间；苔草景观分布面积受到水位的影响，但退水过程影响更为重要，中滩位（14~16m 高程带）的缓慢退水与低滩位（12~14m 高程带）的快速出露联合作用下的水文经历有利于苔草的萌芽、生长和扩张，形成面积较大的苔草景观，而中滩位的快速退水和低滩位的缓慢出露联合作用下的水文经历则对苔草景观的分布与扩张起到抑制作用，形成的苔草景观面积较小。

（3）苔草景观空间格局与水位密切相关。在低水位年份，低位洲滩提前出露，苔草景观分布高程较低，部分低位光滩被苔草所侵占，原苔草分布的部分洲滩转变为芦荻景观，景观的破碎化程度较重；在高水位年份，低位洲滩长期被水体淹没，苔草景观分布高程相对较高，部分芦荻分布区被苔草所侵占，而原苔草景观的部分区域转变为水体和光滩，由于该期间苔草主要集中分布在湖周和入湖河口地带的高位洲滩上，其景观破碎化程度较轻。水位年际间的升降变化会影响苔草景观质心位置的变动，年均水位上升引起景观质心向湖岸方向推进，而年均水位下降则会导致景观质心向湖心方向迁移。

鄱阳湖湿地植被景观格局的变化受多种因素影响，虽然水文过程起到主要的控制作用，但是其他因素（如泥沙冲淤、土壤环境、人为开垦、火烧、放牧等）的影响也不容忽视。目前，淡水湿地植被景观格局与水文变化关系研究虽取得一定进展，但研究的深度还十分有限，未来还需更为长期的系统观测与模拟试验才能定量地揭示两者之间的作用机制；同时，也需要加强其他因素在湿地植被景观格局变化中的作用研究，从而进一步丰富和完善湿地植被格局演变理论。

第5章

鄱阳湖湿地灰化苔草种群变化研究

植物是湿地生态系统中重要的组成部分之一，也是主要的初级生产者，其空间分布及生长发育受气候、水文、土壤以及地形等因素影响（李旭等，2009；Xu et al.，2015）。大量研究表明，湿地植物往往沿某个环境梯度（如水分、盐分、高程、温度等）呈较为明显的带状或环带状分布（Fraser & Karnezis，2005；贺强等，2007；雷璇等，2012；谭志强等，2016）。对于淡水湖泊湿地而言，水分条件是影响湿地植物的关键因素（徐治国等，2006；Schlote，2007；Deegan et al.，2007），湿地水分条件（淹没深度、淹没频率等）从湖岸到湖心方向随高程降低表现出一定的带状变化特点，形成不同植物的适生环境，从而引起植物的空间分布呈现相应的带状分异，这是湿地植物对水分条件差异性适应和响应的结果（Dwire et al.，2006；Zhang et al.，2012；张全军等，2013），每种湿地植物都占据着一定的水分生态位（胡振鹏等，2010）。而在同一植物分布带中，受水分梯度和水位波动的影响，植物的生长发育过程不尽相同，植物会对不同的水分条件产生趋异反应，表现出不同的生态和生理特征（Coops et al.，2004；Van et al.，2005；王丽等，2008；洪明等，2011）。

长期以来，湿地植物与水之间的作用关系一直都是湿地生态学研究的重要领域。其中，湿地水分条件如何影响植物生长与生存、湿地水情变化如何影响植物的空间分布与群落演替又是湿地生态学研究的热点问题（Keddy & Ellis，1995；Wheeler，1999；王根绪等，2001；李胜男等，

2008)。针对湿地植物生长发育与水分条件之间的关系，许多学者已开展较为广泛的研究。如王丽等（2008）研究了三江平原小叶章（Calamagrostis angustifolia）生物量积累及其分配对不同水分梯度的响应；栾金花等（2006）研究了三江平原不同水分梯度下漂筏苔草（Carex pseudocuraica）株高的生长变化规律；李亚芳等（2016）则研究了洞庭湖湿地不同高程短尖苔草（Carex brevicuspis）生长繁殖策略与水位变化之间的关系。然而当前相关研究更多侧重于场地模拟控制试验，而对野外实地监测研究相对较少，通过人为设定或控制的水分梯度，往往难以反映湿地复杂的水文条件和特定植物的水文经历，而开展自然状态下湿地植物生长发育过程及其与水分条件之间的关系研究，对于深入了解湿地生态水文过程，进行湿地生态调控与恢复具有更为重要的理论和现实意义。

鄱阳湖湿地水位年内与年际的变化势必会影响到湿地植物的生长发育、分布格局与群落结构，进而影响湿地生态系统功能的发挥（张全军等，2013；戴雪等，2014）。但目前针对鄱阳湖湿地植物与水文变化之间的关系研究还十分薄弱，对于湿地典型植物在生长发育过程中对不同水文条件采取的适应策略以及植物定植生长所需的水文条件阈值尚不清晰。

本章选取鄱阳湖湿地洲滩优势植物——灰化苔草作为研究对象，基于野外实地观测，研究自然状态下鄱阳湖湿地不同高程带灰化苔草种群发育过程及其与水文条件之间的响应关系，以认清鄱阳湖湿地节律性水文变化背景下灰化苔草的生态适应策略、响应方式和水文生态阈值，为进一步揭示鄱阳湖湿地植被带状分布格局形成及植物群落演替机制提供基础理论支持，同时也为鄱阳湖湿地水文调控、生态恢复与生物多样性保护提供重要科学依据。

5.1　材料与方法

5.1.1　样地设置

选取灰化苔草分布集中的蚌湖东侧修水入湖口洲滩作为野外观测样地，该洲滩高程在15m左右，洪水期被湖水淹没，枯水期出露，洲滩上植物沿高程呈较为明显的带状分布，随着高程由低到高依次分布着虉草、灰化苔草、南荻等植物群落，其中灰化苔草面积最大，生长也较为茂盛，分布在12~14.5m的高程带上。洲滩未经开垦、放牧、火烧等人为干扰，自然环境保存良好。分别在洲滩四周按与湖岸垂直方向（沿高程或水分梯度）各布设1条样带，样带宽度为20m，样带长度以整个洲滩上灰化苔草出现的最低高程和最高高程来进行确定；在每个样带内按0.5m高程距离布设采样点，在同一高程带上，按等距离设立3个面积为1m×1m的样方，用GPS-RTK（南方测绘，灵锐S86）确定各样方的高程和地理位置。

5.1.2　研究方法

在设置的样地内进行灰化苔草种群生态观测和样品采集（灰化苔草在2月下旬萌发，3—5月为其生长季，5月下旬洲滩被湖水淹没，灰化苔草死亡或沉入水底休眠，完成其一个生长周期），采样时间间隔15天左右。对每个样方分别测量灰化苔草种群的高度、密度、地上生物量和地下生物量等生态指标。其中，用标尺测定灰化苔草株高；用计数法测定种群密度；地上生物量采用收获法，地下生物量采用挖掘法。采集10株植物样品带回实验室处理，先用清水洗净地下根系，用吸水纸吸干后，分别对地上和地下部分进行湿重称量，之后在鼓风干燥箱中先于105℃下杀青10分钟，再在80℃下烘干至恒重，称其干重，最后换算成单位面积的地上及地下生物量，两者相加计算出总生物量。用总生物量干鲜比（*DW/FW*）反映植物体含水量的多少［干鲜比 = 干重（Dry Weight）/湿重（Fresh Weight）×100%］；用生物量增长速率分析方法中的绝对增长速率（Absolute Growth Rate，AGR）和相对增长速率（Relative Growth Rate，RGR）反映灰化苔草种群生物量的积累状况，计算公式分别为：

$$AGR=\frac{B_{i+1}-B_i}{t_{i+1}-t_i} \tag{5-1}$$

$$RGR=\frac{\ln B_{i+1}-\ln B_i}{t_{i+1}-t_i} \tag{5-2}$$

式中：B_i、B_{i+1}分别是t_i、t_{i+1}时刻的灰化苔草种群的生物量（g/m^2）。

5.1.3 数据处理与分析

借助Excel 2007进行数据处理和制图。利用SPSS19.0对测定数据进行统计分析，采用相关分析确定灰化苔草种群生态指标与水文参数之间的相关性；通过单因素方差分析（one-way ANOVA）和LSD多重比较法进行不同高程带生态指标差异显著性检验。

5.2 灰化苔草种群特征及其变化

由于13m以下高程带的灰化苔草在3月下旬即被湖水淹没，因此，在进行灰化苔草种群发育过程研究时，主要针对13m及以上高程带的灰化苔草种群进行分析。

5.2.1　密度与株高

在生长季内，各高程带灰化苔草的种群密度变化趋势基本一致，表现为随时间推移而逐渐增加，但变化过程略有差异。14.5m 高程带灰化苔草种群密度在 3 月下旬之前增加较快，而之后基本保持稳定，维持在 1875~1900 株 · m^{-2}；13.0m 和 13.5m 高程带的种群密度在 3 月上旬至 4 月中旬增加较为缓慢，4 月下旬之后增加速度较前期有所加快；而 14.0m 高程带种群密度在 3 月下旬之前增加较慢，之后开始加快，到 4 月下旬增加速度再次放缓。各高程带灰化苔草种群的平均株高与密度变化趋势基本一致（见图 5-1），整体表现为随时间推移而逐渐增高，但不同生长阶段增长幅度存在明显差异。在 4 月下旬之前，株高的增长速度随高程的增加而增大；而在 4 月下旬之后，14.0m 和 14.5m 高程带增长速度明显减慢，而 13.0m 和 13.5m 高程带增长速度则快于前期。

5.2.2　生物量

各高程带的灰化苔草生物量变化及累积过程有所不同（见图 5-2）。在生长季内地下生物量与总生物量一直处于增加状态；而地上生物量除 13.0m 高程带呈不断增加外，其他高程带均表现为先增加后减少的变化过程。从绝对增长速率来看，各高程带灰化苔草地下生物量最大绝对增长速率出现在 4 月下旬至 5 月上旬（见图 5-3），而地上生物量与总生物量的最大绝对增长速率出现时段不同，整体表现为 13.5m 及以上高程带出现在 4 月中旬，13.0m 高程带则出现在 4 月下旬至 5 月上旬；这表明灰化苔草快速生长期出现时段随高程而变化，高程越高，则出现越早。从相对增长速率来看，各高程带地下生物量与总生物量一直处于累积过程，地上生物量在 13. 0m 高程带上也一直处于累积过程；而 13. 0m 高程带以上则在 4 月下旬之前处于累积过程，之后开始衰退，生物量出现减少。

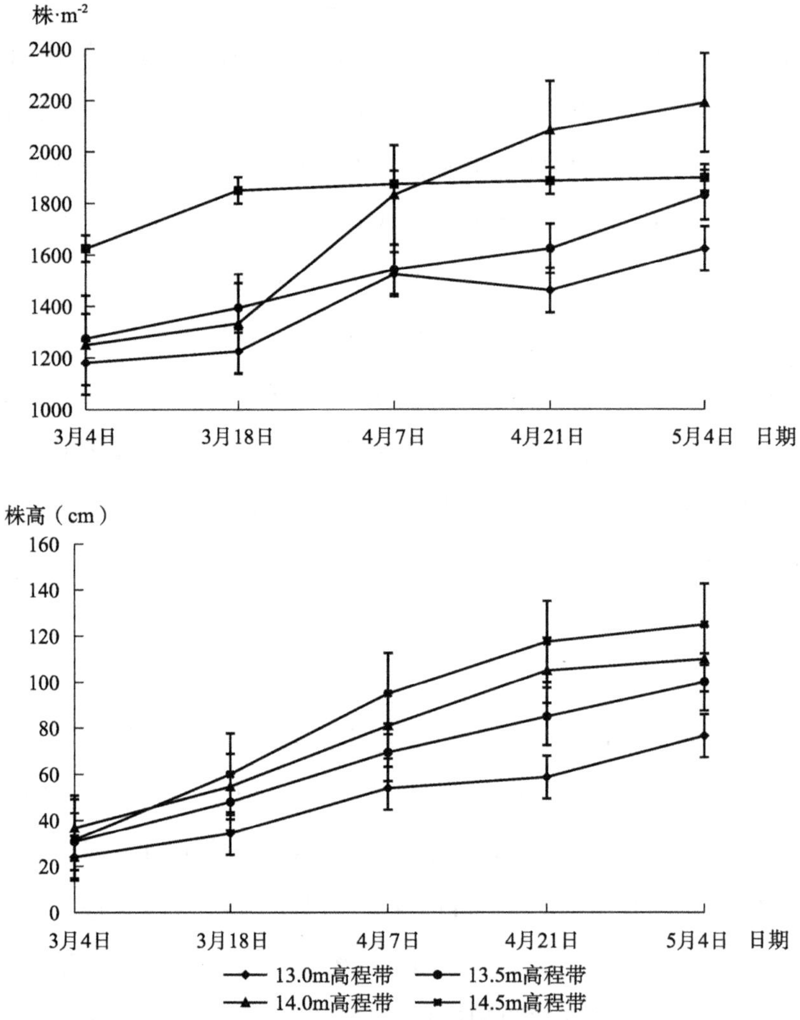

图 5-1　灰化苔草种群密度与株高变化

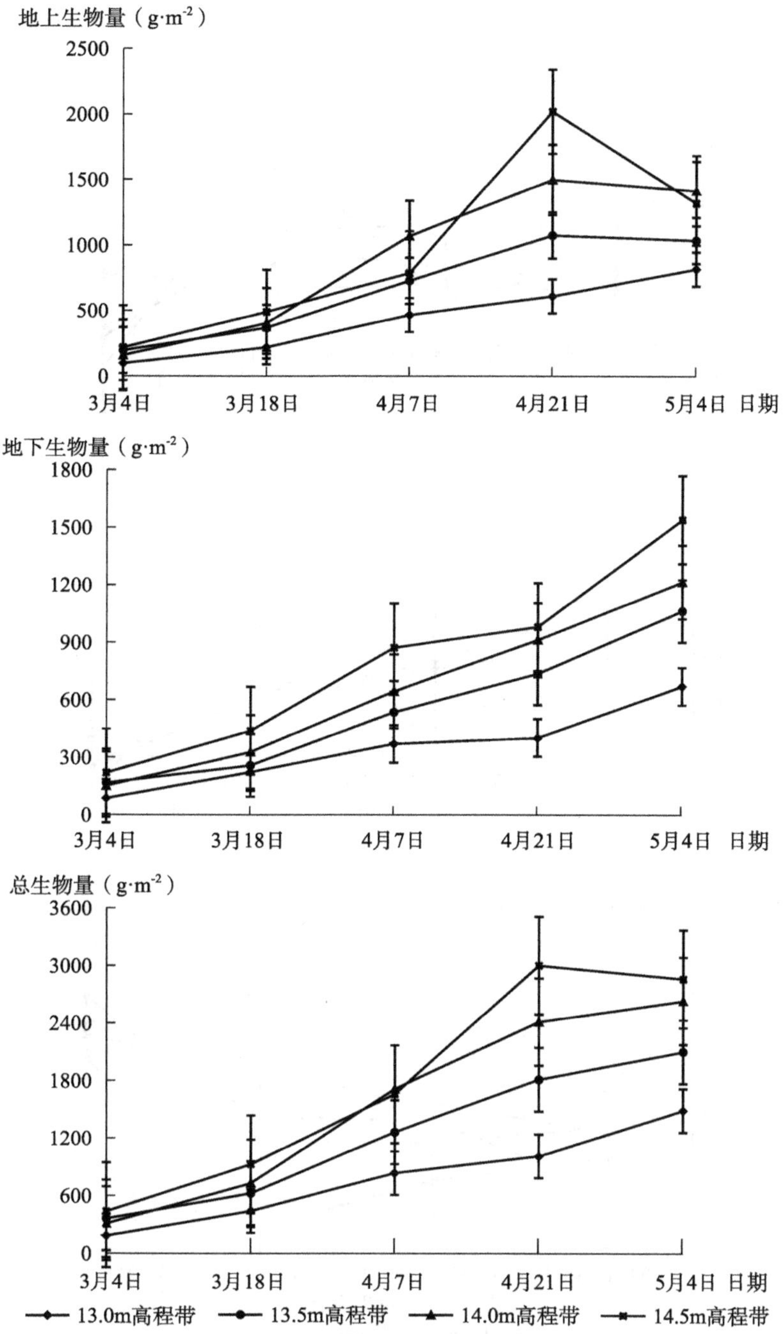

图 5-2　灰化苔草种群生物量变化

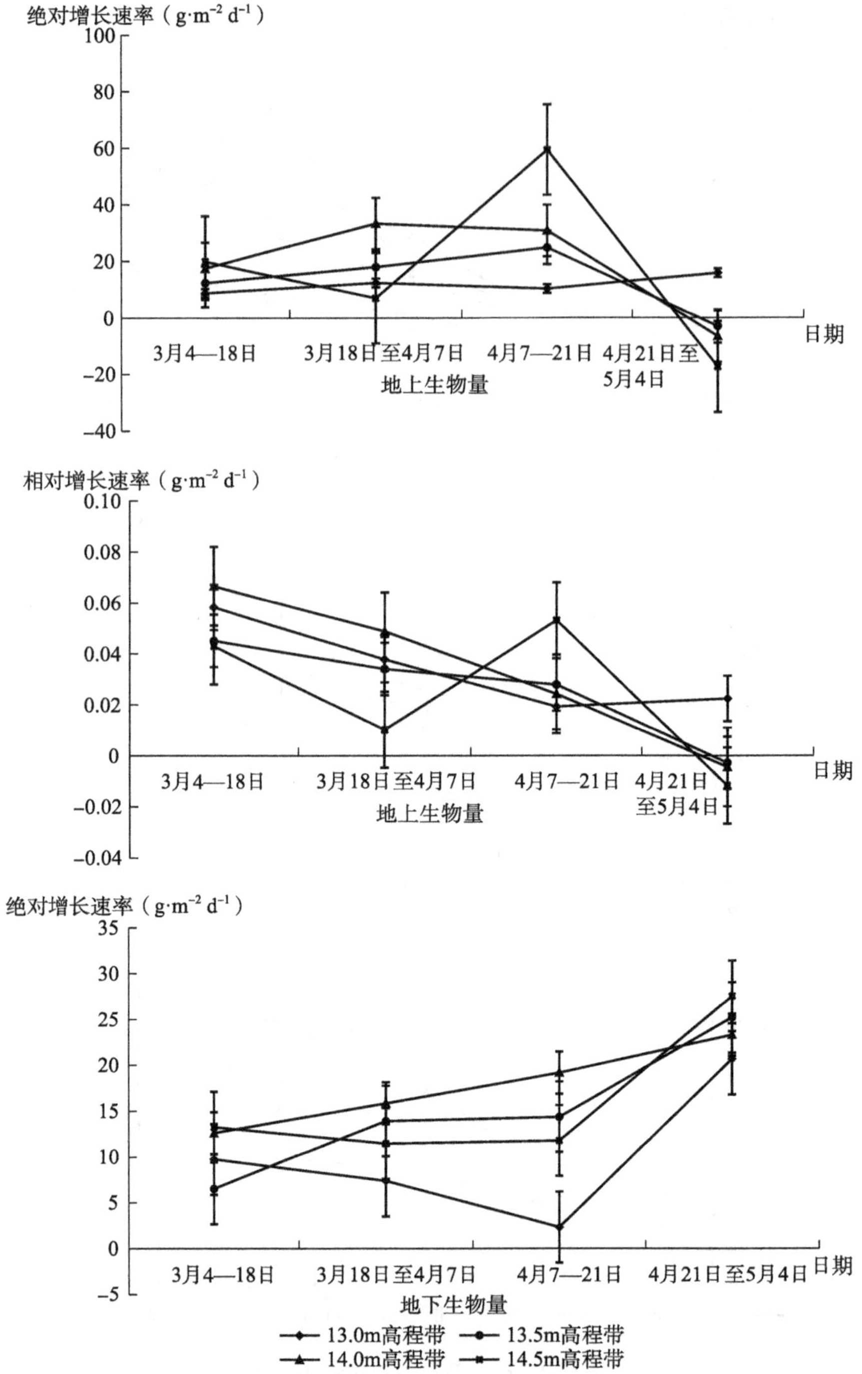

图 5-3　不同生长阶段灰化苔草种群生物量增长速率变化

5.2.3 干鲜比

各高程带灰化苔草在生长季内的干鲜比随时间变化过程基本一致（见图 5-4），整体均呈增加趋势，在 3 月上旬灰化苔草生长的初期阶段，干鲜比较低，为 20.8%～23.2%；进入 4 月中旬的快速生长期阶段，灰化苔草的干鲜比有所增大，为 23.3%～26.1%；到 5 月上旬的成熟期，灰化苔草干鲜比达到整个生长季的最大值，为 26.8%～29.1%。从灰化苔草干鲜比的变化过程可以看出，生长初期的干鲜比要小于生长后期，这表明随着时间的推移，灰化苔草植物体内的水分含量逐渐减少，而积累的干物质含量逐渐增多。

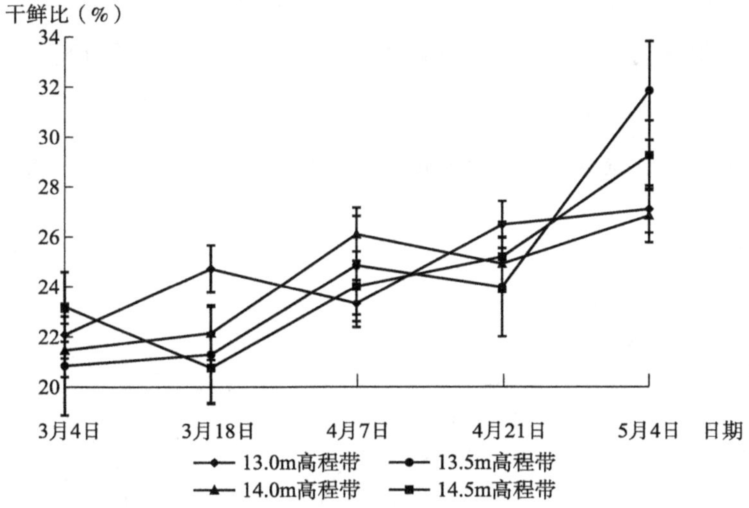

图 5-4 灰化苔草干鲜比变化

5.3 水文条件空间分异

淡水湿地植物的分布和生长发育是对周期性水文节律长期适应的结

果。在灰化苔草相邻的两个同期生长季间（2012 年 5 月 4 日至 2013 年 5 月 4 日），鄱阳湖水位（星子水文站数据，吴淞高程，下同）变化十分显著（见图 5-5），2 月湖水位达到最低，为 8.91m（2013 年 2 月 6 日），8 月湖水位最高，为 19.64m（2012 年 8 月 13 日），最大水位差达 10.73m。在最高水位与最低水位之间，湖泊水位呈现出明显的涨水期和退水期。对于鄱阳湖洲滩不同高程带而言，由于水文经历的差异，在各高程带上形成了不同的水文条件，表现出一定的水分梯度变化。在此将各高程上的水文条件以淹没期平均水深（淹没的总水深与淹没天数的比值）、淹没频率（淹没天数与计算总天数的比值）和平均距湖水面高度（高程与日水位差值之和与计算总天数的比值，水面以下为-，水面以上为+）来进行反映。在研究期间，洲滩上灰化苔草分布的下限 12m 高程带大部分时间被湖水所淹没，淹没期水深为 0.02~7.64m，平均值为 3.89m，相邻同期生长季内淹没频率为 60.38%，平均距湖水面高度为-1.73m；随着高程的增加，洲滩淹没天数逐渐减少，而出露天数逐渐增多，至洲滩灰化

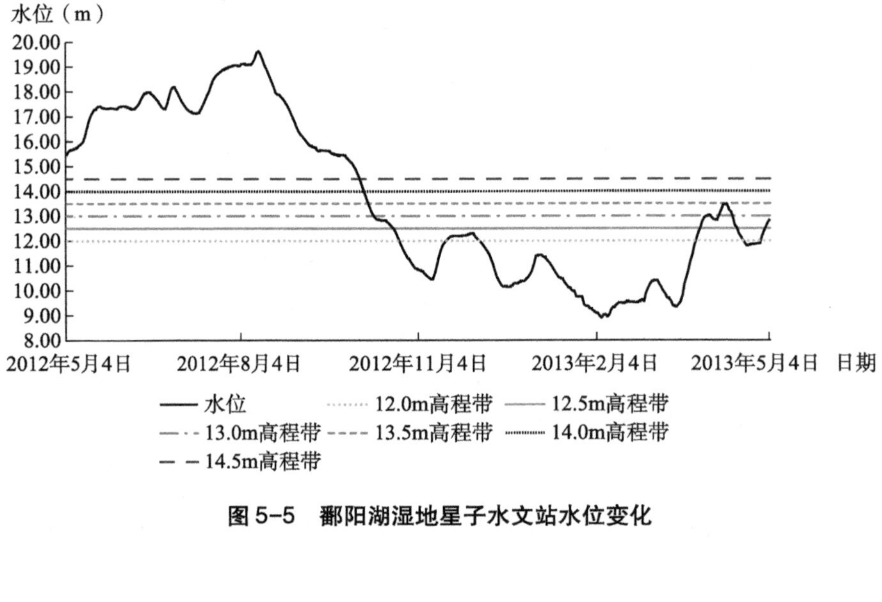

图 5-5　鄱阳湖湿地星子水文站水位变化

苔草分布上限 14.5m 高程带上，淹没期平均水深减小到 2.78m，该高程带上淹没频率降低到 42.08%，平均距湖水面高度增大为 0.77m（见表 5-1）。总体来看，洲滩上灰化苔草定植与生长的水文条件阈值为淹没期平均水深 2.78~3.93m，淹没频率为 42.08%~60.38%，而平均距湖水面高度则为 -1.73~0.77m。

表 5-1　鄱阳湖湿地不同高程带水文参数　　单位：m,%

高程带	淹没期水深		淹没频率	平均距湖水面高度
	范围	平均值		
12.0	0.02~7.64	3.89	60.38	-1.73
12.5	0.03~7.14	3.93	52.73	-1.23
13.0	0.02~6.64	3.92	46.45	-0.73
13.5	0.14~6.14	3.70	43.17	-0.23
14.0	0.08~5.64	3.24	42.62	0.27
14.5	0.05~5.14	2.78	42.08	0.77

5.4　灰化苔草种群特征分异

选取灰化苔草接近成熟期的 4 月下旬进行不同高程带灰化苔草种群特征的差异分析。由表 5-2 可知，灰化苔草种群密度随高程呈波动变化，差异性分析显示不同高程带灰化苔草种群密度差异不显著（$F=2.171$，$P>0.05$），这说明高程形成的水分梯度对种群密度无明显影响。

不同高程带灰化苔草平均株高随着高程的升高而逐渐增加，高程间存在显著差异（$F=5.879$，$P<0.05$），14.5m 高程的平均株高达到 117.5cm，是 13.0m 高程的两倍。多重差异性比较发现，13.0m 高程带灰化苔草株高与 13.5m 高程带差异不明显，而与 14.0m 及 14.5m 高程带形成显著差异，其他高程带间差异则不明显，这说明 13.5m 以下高

程带的水文条件对灰化苔草株高的增加起到抑制作用，而 13.5m 及以上高程带的水文条件更有利于灰化苔草的伸长生长。

不同高程带灰化苔草生物量均随高程的升高而增大，且高、低滩位间相差一倍以上，高程间亦存在显著差异（地上生物量：$F=5.022$，$P<0.05$；地下生物量：$F=5.485$，$P<0.05$；总生物量：$F=6.599$，$P<0.05$）。多重差异性分析显示，13.0m 高程带的地下生物量和总生物量与其他高程带存在显著差异，其他高程带之间则差异不显著；而地上生物量 13.0m 高程带与 13.5m 高程带无明显差异，但与 14.0m、14.5m 高程带差异显著，而其他高程带间的地上生物量无明显差异。可以看出，13.5m 及以上高程带的水文条件更有利于灰化苔草生物量的形成与积累，而 13.0m 高程带的水文条件对生物量积累相对不利。

表 5-2　不同高程带灰化苔草种群特征及差异（n=13）

高程带（m）	密度（株·m^{-2}）	株高（cm）	地上生物量（g·m^{-2}）	地下生物量（g·m^{-2}）	总生物量（g·m^{-2}）
13.0	(1462.5±325.6)[a]	(58.8±22.9)[a]	(610.8±390.0)[b]	(401.2±156.5)[b]	(1012.0±536.5)[b]
13.5	(1625.0±420.8)[a]	(85.0±19.6)[ab]	(1075.0±209.4)[ab]	(735.6±227.3)[a]	(1810.6±435.5)[a]
14.0	(2083.3±288.6)[a]	(105.0±13.2)[a]	(1500.0±299.6)[a]	(911.7±214.8)[a]	(2411.7±308.2)[a]
14.5	(1887.5±159.1)[a]	(117.5±3.5)[a]	(1586.9±612.5)[a]	(924.9±77.9)[a]	(2511.8±690.5)[a]

注：数据为平均值±标准差；每列数据右上角标有不同字母表示高程间存在显著差异（$P<0.05$）。

将 4 月下旬灰化苔草各生态指标与淹没期平均水深、淹没频率、平均距湖水面高度 3 个水文参数分别做相关分析，结果显示，除密度以外，其他各指标与水文参数均呈显著负相关（$P<0.01$），这进一步说明水文条件对灰化苔草生长发育产生重要影响。

由上述分析可知，灰化苔草生长发育对高程形成的不同水分梯度产生差异性响应。在13.5m以下的低滩位，由于频繁的过度淹没使灰化苔草生长受到水分条件的抑制，植株矮小，生物量积累相对较少；而在13.5m及以上中高滩位，形成对灰化苔草生存有利的水文环境，更有利于灰化苔草的伸长生长和生物量的形成与累积。结合前面水文参数的分析，可对春季生长季内灰化苔草生长发育的适宜水文条件做出初步判断，有利于灰化苔草生长所需的淹没期平均水深阈值为2.78~3.70m，淹没频率阈值为42.08%~43.17%，平均距湖水面高度阈值为-0.23~0.77m。

5.5 灰化苔草种群的水文响应

5.5.1 灰化苔草水分适应策略

淡水湿地植物的空间分布及其生长发育过程与高程、水文状况、土壤性质以及植物种类等因素密切相关，高程及其形成的水文条件起着至关重要的作用（曾光明等，2013；Xu et al.，2015）。同一植物种类处在不同的水文条件下，植物会通过形态和自身生理机能的调整来适应变化的水文环境，形成能够反映生境条件的生态与生理特征（邓春暖等，2012）。对于水位周期性波动的淡水湿地来说，洲滩或湖（河）滨带经常会遭受不同程度的淹水胁迫（张萌等，2013），湿地植物往往通过枝叶伸长生长的逃避策略或者休眠、缓慢生长的耐受策略来应对水分胁迫（Parolin，2002；Manzur et al.，2009），不同的淹水条件下各种植物会采取不同的适应策略。已有研究表明，在淹水条件下双穗雀稗（Paspalum distichum）、空心莲子草（Alternanthera philoxeroides）和牛鞭草（Hemarthria altissima）等湿地植物会通过伸长生长来逃离淹水环境（刘送平等，2013），而虉草和狗牙根（Cynodon dactylon）则通过减缓茎的伸长和不产生新的分枝等方式来提高自身对水淹的耐受性（李秋华等，2013）。

本研究发现，灰化苔草在生长季会根据水淹状况来调整自身的生存策略。13.0m 以下高程带的灰化苔草在 3 月下旬即被湖水淹没，长期的水淹导致水中供氧和光照不足，光合作用和叶绿素合成受到严重抑制，灰化苔草通过地上植株死亡和地下根系休眠的耐受策略来增加存活率；13.0m 高程带在 4 月上旬一直处于半水淹状态，该期间灰化苔草株高和生物量增长速度减缓，而在 4 月中下旬湖水位发生波动式的下降，灰化苔草经历间歇性的半水淹，但大部分时间植株完全出露水面，这一期间灰化苔草生长发育过程明显加快，株高及生物量的增加幅度达到整个生长季的最大值，灰化苔草通过快速伸长生长的逃避策略来应对短期的间歇性半水淹环境；在 13.5m 及以上高程带，灰化苔草 5 月上旬之前基本未遭受淹水胁迫，株高和生物量在各生长阶段均高于 13.0m 高程带的低滩位，且生长后期差异更加明显，然而 13.5m 及以上高程带由于萌芽较早，在 4 月下旬即步入成熟期，该阶段虽然株高仍在增长，但是生物量开始逐渐向地下部分转移以完成生活史，导致地上生物量出现一定程度的降低；但 13.5m 和 14.0m 高程带的总生物量仍在增加，而 14.5m 高程带由于提前进入枯萎衰落期，有机质合成减弱，呼吸消耗增多，总生物量有所下降。在 5 月中旬之后，湖水位大幅度上涨，鄱阳湖进入丰水期，灰化苔草分布洲滩完全被湖水淹没，各高程带地上部分逐渐死亡，灰化苔草进入休眠状态，完成其完整的春季生长季。由此可见，各高程带灰化苔草对不同的水文经历采取差异性适应策略，这种生存策略是灰化苔草对鄱阳湖湿地周期性水文节律长期适应进化的结果。

5.5.2 灰化苔草水分利用策略

湿地植物在不同生长阶段会根据实际的水分条件来调节自身的水分利用策略，通过植物干鲜比可以对其采取的水分利用策略予以反映。植物干鲜比标志着植物体含水量的多少，它是植物对水分条件以及植物不同生长阶段所表现出的一种响应，湿地植物对不同的水分条件会产生趋异响应（王丽等，2008）。上官铁梁等（2000）通过对汾河河漫滩湿地植物群落研究发现，植物干鲜比随着群落水分增加而增大；而王丽等（2008）对三江平原湿地小叶章群落研究也发现，在生长季初期小叶章主要通过储水策略来保持体内一定的储水量，干鲜比较低，在生长季后期由于可获得足够的水分资源，干物质积累多且迅速，干鲜比较高。在本研究中，鄱阳湖湿地灰化苔草也采用相似的水分利用策略，在生长初期干鲜比较低，而在生长中后期干鲜比则显著增大，这种变化一方面与灰化苔草自身的生长特性有关，另一方面也与鄱阳湖湿地特定的水文过程有关。在灰化苔草生长初期，由于植株矮小，气温较低，灰化苔草蒸腾作用和呼吸作用较弱，而此时正值鄱阳湖区的少雨季，湿地处于一年当中的低水位期，水分条件十分有限，灰化苔草主要采取储水策略以维持自身生长对水分的需求，干鲜比较低；到灰化苔草生长的中后期，由于降水增多以及湖水位的抬升，水分资源较为充足，灰化苔草进入快速生长期，但该时期灰化苔草的蒸腾作用和呼吸作用明显增强，植株体内的水分被大量消耗，而由光合作用形成的干物质较前期增多，干鲜比增大。灰化苔草生长过程中干鲜比的变化在一定程度上也反映出其对鄱阳湖湿地水位节律性变化的生态适应。

5.5.3 灰化苔草水文条件阈值

每种湿地植物在生长发育过程中对水文条件都有特定的需求，在某个阈值内植物可以存活并生长。众多水文因子中，水深和淹没频率是影响湿地植物定植生长、繁殖和分布的重要环境因子（吴春笃等，2005；张丽丽等，2012）。对于湿地沉水植物而言，其整个生长发育过程均在水中进行，水深通过影响水下光照、风浪和底泥特征来作用于植物生长繁殖，如黑藻（Hydrilla verticillata）和苦草（Vallisneria natans）分别在水深0.5~2.5m和0.5~5.6m才能够定植生存，当水深继续增加时，光照强度会低于光补偿点，光合作用受到抑制，植物将难以存活（吴晓东等，2011；李威等，2014）。而对于某些湿地挺水植物和湿生植物来说，在生长过程中会经历一定程度的水淹和干旱，因此，除水深因子以外，植物定植生长也会受到淹没频率的影响（吴春笃等，2005）。已有研究表明，适度的干湿交替有利于挺水植物和湿生植物的生长繁殖，而长期的过度水淹和无水淹会减弱植物光合作用和养分吸收能力，对植物生长起到明显的抑制作用（王丽等，2008；邓春暖等，2012）。但不同湿地植物对水文条件的喜好性和耐受性有所差异，如鄱阳湖湿地南荻生长于相对干旱的环境中，不能忍受长时间的洪水淹没，其主要集中分布于平均水深2.2~2.4m、淹没频率15%~40%的区域，而假俭草（Eremochloa ophiuroides）对水文条件适应范围较宽，在平均水深1.8~14.6m、淹没频率12%~100%的区域均可定植生长（张丽丽等，2012）。灰化苔草是鄱阳湖湿地洲滩典型的湿生植物，生长于相对湿润的环境中，对水淹和干旱有一定的耐受能力，具有较大的水分生态幅（杨阳等，2015），适度的水淹和露干交替有利于生长所需水分的获取和光合作用的进行，可促进灰化苔草的伸长生长和生物量的累积；而长期水淹或干旱将超出灰化苔草的耐受极限，不利于植株体的存活和种群的发育。本研究发现，灰化苔草在淹没期平均水深为2.78~3.93m、淹没频率为42.08%~60.38%、平均距湖水面高度为-1.73~0.77m的水文条件下能够定植生长，而淹没期平均水深为2.78～3.70m、淹没频率为42.08%～43.17%、平均距湖水面高度为-0.23～0.77m的水文环境则对灰化苔草的生长更为有利，其种群的平均高度和生物量均达到最大值。

许多研究表明，部分湿地植物种群的生态特征（如株高、生物量）对水文因子（如水深）的响应符合高斯分布（谭学界、赵欣胜，2006；Luan et al.，2013；廖小锋等，2015）。然而在野外环境中，影响湿地植物种群的环境因子众多，除水文条件以外，还有植物种内及种间竞争、土壤养分、温度、降水等，实际上湿地植物种群生态是多环境因子综合作用的结果（胡佳宇等，2014）。鄱阳湖湿地灰化苔草种群生态指标沿水分梯度并未呈现明显的高斯分布，而是在水分阈值内大致随水分梯度的降低而增加，这种分布格局的形成与其他环境因子的空间分异及作用强度也存在一定关系，但对于其具体的形成机制和作用机制还有待今后进一步深入研究。

5.6 本章小结

本章通过野外实地监测对鄱阳湖湿地典型植物生长发育过程及其与水文条件之间的关系展开研究，主要得到以下结论：

（1）鄱阳湖湿地灰化苔草作为洲滩优势植物种群之一，在春草生长季内各高程带种群变化规律基本一致，但由于高程带间水文条件与水文经历的不同，灰化苔草生长发育过程对节律性水文波动产生差异性适应和响应。在13.5m以下的低滩位，由于频繁的水淹使灰化苔草生长发育受到水分条件的抑制，植株矮小，生物量积累相对较少；而在13.5m及以上的中高滩位，形成灰化苔草适生的水文环境，更有利于灰化苔草的伸长生长和生物量的形成与积累。

（2）灰化苔草在不同生长阶段会根据实际的水分条件来调节自身的水分利用策略。生长初期灰化苔草主要通过储水策略来应对水分相对缺乏形成的干旱胁迫；而生长末期则主要通过增加干物质含量来应对湖水位上涨形成的淹水胁迫。

（3）灰化苔草定植与生长发育对水文条件存在一定的适应范围。在淹没期平均水深为 2.78～3.93m、淹没频率为 42.08%～60.38%、平均距湖水面高度为-1.73～0.77m 的条件下灰化苔草能够定植生长；而淹没期平均水深为 2.78～3.70m、淹没频率为 42.08%～43.17%、平均距湖水面高度为-0.23～0.77m 的水文环境则更有利于灰化苔草的生长发育。

第6章

鄱阳湖湿地灰化苔草固碳功能研究

湿地是陆地生态系统的重要组成部分，在全球碳循环中扮演着重要角色（孟伟庆等，2011）。一方面湿地通过储存有机碳和无机碳而具有碳汇特征，另一方面湿地通过释放 CO_2、CH_4 等温室气体而具有碳源特征（宋洪涛等，2011），因此，湿地具有碳汇和碳源的双重功能。从短时间（<60 年）来看，湿地有可能是温室气体的源，但从长期（>100 年）来看，湿地则是温室气体的汇（王淑琼等，2014；Joiner et al.，1999；Brix et al.，2001；王德宣，2003）。在全球陆地生态系统中，湿地面积虽然仅占到陆地总面积的 4%~6%，但碳储量却占到了全球陆地生态系统的 12%~24%（IPCC，2001；吕铭志等，2013），其碳汇能力远高于农业、草原、温带森林和热带雨林等生态系统，是全球陆地生态系统最大的碳库（Mitsch & Gosselink，2015；段晓男等，2006；杨平、仝川，2011）。

植物作为湿地的主要初级生产者，可通过光合作用固定大气中的 CO_2 形成植物有机体，是湿地碳积累的主要来源之一，发挥着重要的储碳、固碳功能（李博等，2009；宋洪涛等，2011）。然而不同的湿地植物类型，其固碳能力存在着一定差异，而同种湿地植物生长在不同的环境中或不同的环境梯度下（如不同的水分条件、盐分条件、养分条件等），其生长发育过程也会有所不同，导致植物的生物量和固碳功能出现内部差异（Liu et al.，2015；Lou et al.，2016）。当前研究更多地关注植被类型间固碳功能的差别（梅雪英、张修峰，2007；张绪良等，

2012；邵学新等，2013；潘宝宝等，2014），而忽视了植物群落或种群内部因微环境变化（尤其是高程形成的水分梯度）引起的固碳功能的空间分异，这在一定程度上降低了湿地植物固碳能力和固碳量的估算精度。因此，有效获取湿地植物空间分布以及分异信息对于准确评估湿地植物的固碳功能至关重要。近些年来，遥感（RS）与地理信息系统（GIS）技术的发展为植被空间信息获取提供了有力的技术支撑，结合实测数据，可实现对特定植物固碳功能更为精确的评估。

本章以鄱阳湖湿地灰化苔草为研究对象，基于 RS 与 GIS 技术，同时结合野外实测数据，研究灰化苔草的固碳能力、固碳量及其空间分异特征，旨在为正确认识鄱阳湖湿地植物在区域生态系统碳循环中的作用，为制定合理有效的湿地生态管理与保护对策提供科学依据。

6.1 研究方法

6.1.1 生物量测定

选取灰化苔草分布集中的蚌湖东侧修水入湖口洲滩作为野外观测样地，分别于 2013 年 4 月下旬（春草生长季）和 10 月下旬（秋草生长季）在洲滩两侧与湖岸垂直方向（沿高程或水分梯度）各布设 1 条样带，在样带灰化苔草分布区内按不同高程（<12.5m、12.5～13.5m、13.5～14.5m 和≥14.5m）布设采样点，在每条样带的同一高程带内，按等距离设立 3 个面积为 1m×1m 的样方，因此，每个高程带共布设 6 个样方，总计 24 个样方，用 GPS-RTK 确定各样方的高程和地理位置。在每个样方内采用计数法确定灰化苔草的种群密度，然后按对角线法选取 9 株灰化苔草植株，利用剪刀沿地面剪下其地上部分（包括已枯叶

片），并用小铁锹挖掘其地下根系，分离出新生根，将其装入密封袋中，共采集24个植物样品。将采集到的灰化苔草植物样品带回实验室后用清水冲洗干净，并用吸水纸吸干，之后将其置于鼓风干燥箱中于105℃下杀青10分钟，再在80℃下烘干至恒重，用精度为0.01g的电子天平分别称量地上与地下部分干重，两者相加计算出总生物量，并换算成单位面积生物量，最后求各高程带及总体的平均值和标准差，以平均值±标准差作为灰化苔草生物量的统计值。

6.1.2 分布面积提取

从地理空间数据云网站（http：//www.gscloud.cn/）收集获取2013年5月14日（春草生长季）和2013年10月5日（秋草生长季）两景Landsat8-OLI遥感影像。借助ENVI5.0软件对遥感影像进行波段合成；以1∶50000地形图作为参考图像对遥感影像进行几何精校正；利用鄱阳湖湿地范围图作为掩模对合成后的遥感影像进行裁剪；依据影像的光谱特征及计算得到的NDVI值，采用决策树分类法对遥感影像进行解译，对解译结果进行人机交互式目视检查，并纠正错分区域，确保遥感影像解译精度达到80%以上，从而得到灰化苔草春草和秋草的空间分布信息。将解译后得到的两期灰化苔草分布范围矢量数据作为掩模，借助ARCGIS10软件裁切鄱阳湖湿地DEM栅格数据，利用ARCGIS空间分析（Spatial Analyst）模块中的重分类（Reclassify）功能对裁切后的DEM按高程进行分级，将不同高程级别的栅格个数乘以像元大小，即可获得灰化苔草春草和秋草不同高程带的分布面积。

6.1.3 固碳能力计算

2013年4月下旬和10月下旬灰化苔草分别在春草生长季和秋草生

长季内接近成熟期，其现存生物量基本可视为相应生长季生物量的累积量，可将其作为植物的净初级生产力（索安宁等，2010）。在生物量调查的基础上，根据光合作用反应式，草本植物每生成 1.000g 干物质平均需要固定 1.620g CO_2，在此基础上乘以碳的质量比 0.273，可得到碳转换系数（王淑琼等，2014）。利用各高程带实地测量得到的生物量乘以碳转换系数，可求得不同高程带灰化苔草的固碳能力（以平均值±标准差表示）；然后再乘以遥感影像解译后得到的各高程带灰化苔草分布面积，可进一步估算出不同高程带灰化苔草的固碳量。计算公式为（索安宁等，2010；Daniel et al.，2002）：

$$CFA_i = p \times B_i \tag{6-1}$$

$$C_i = CFA_i \times A_i = p \times B_i \times A_i \tag{6-2}$$

式中：CFA_i 为第 i 高程带灰化苔草的固碳能力（$g \cdot m^{-2}$）；C_i 为第 i 高程带灰化苔草的固碳量（t）；p 为碳转换系数（0.442），B_i 为第 i 高程带灰化苔草平均净初级生产力（以平均生物量代替）（$g \cdot m^{-2}$）；A_i 为第 i 高程带灰化苔草的分布面积（km^2）。

6.1.4 数据统计分析

利用 SPSS19.0 对测量与计算数据进行统计分析，通过单因素方差分析（one-way ANOVA）中 LSD 多重比较法进行不同高程带生物量、固碳能力的差异显著性检验。其中，$P>0.05$ 表示未达到显著检验水平；$0.01<P<0.05$ 表示达到显著检验水平；而 $P<0.01$ 则表示达到极显著检验水平。

6.2 灰化苔草年内分布差异

遥感影像解译结果显示（见图 6-1），2013 年灰化苔草主要分布在鄱阳湖湿地的西部和南部区域，而在鄱阳湖湿地的北部与东部区域灰化苔草分布极少，只在部分出露的洲滩上有少量分布。其中，春草主要分布在鄱阳湖湿地的西部和西南部区域，而秋草更多地分布在鄱阳湖湿地的南部区域。从分布面积来看（见表 6-1），2013 年鄱阳湖湿地灰化苔草春草分布面积为 798. 80km^2，占鄱阳湖湿地总面积的 26. 3%，14. 5m 以下高程带是其主要分布区间，占总分布面积的 86. 3%；秋草分布面积略少于春草，为 746. 55km^2，占鄱阳湖湿地总面积的 24. 6%。就不同高程带分布而言，12. 5m 以下高程带的分布面积较春草有所增加，而 14. 5m 以上高程带的分布面积较春草则有所减少，整体分布高程略有下移。

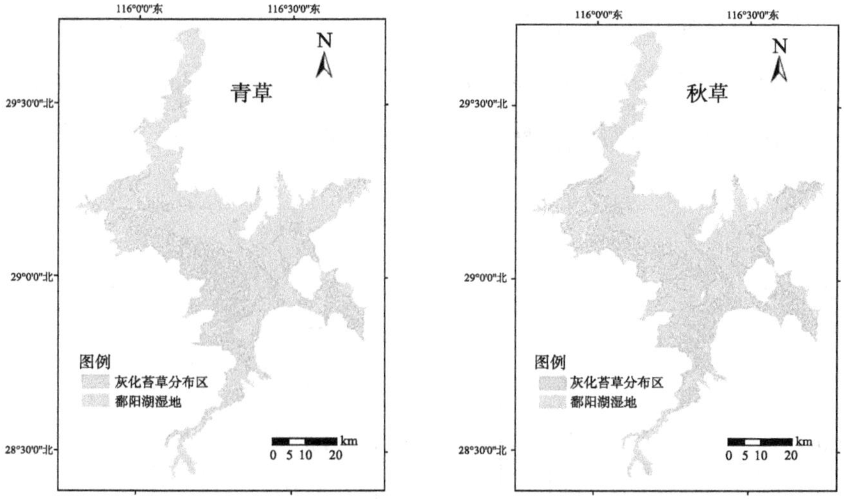

图 6-1　2013 年鄱阳湖湿地灰化苔草春草与秋草分布

表 6-1　灰化苔草年内不同生长季各高程带分布面积　　单位：km^2

生长季	<12. 5m	12. 5~13. 5m	13. 5~14. 5m	≥14. 5m	总计
春草	206. 46	282. 39	200. 39	109. 56	798. 80
秋草	268. 54	255. 38	157. 01	65. 61	746. 55

6.3 灰化苔草生物量空间分异

从年内两个生长季相同生长期的生物量（干重）测定结果来看，鄱阳湖湿地灰化苔草春草的平均生物量［（1311.00±665.59）g·m^{-2}］略低于秋草［（1424.50±352.59）g·m^{-2}］，两个生长季内均以13.50~14.5m高程带生物量最高［春草：（2240.00±49.05）g·m^{-2}；秋草：（1760.00±35.66）g·m^{-2}］，而12.5m以下高程带生物量最低［春草：（483.80±20.03）g·m^{-2}；秋草：（848.80±30.50）g·m^{-2}］（见图6-2）。但不同生长季各高程带间生物量差异有所不同，在春草生长季内，不同高程带间生物量差异都达到了极显著检验水平（P<0.001）；而在秋草生长季内，除了12.5~13.5m与≥14.5m高程带间生物量差异不显著（P=0.169）外，其他高程带间生物量也都达到了极显著差异水平（P<0.001）。

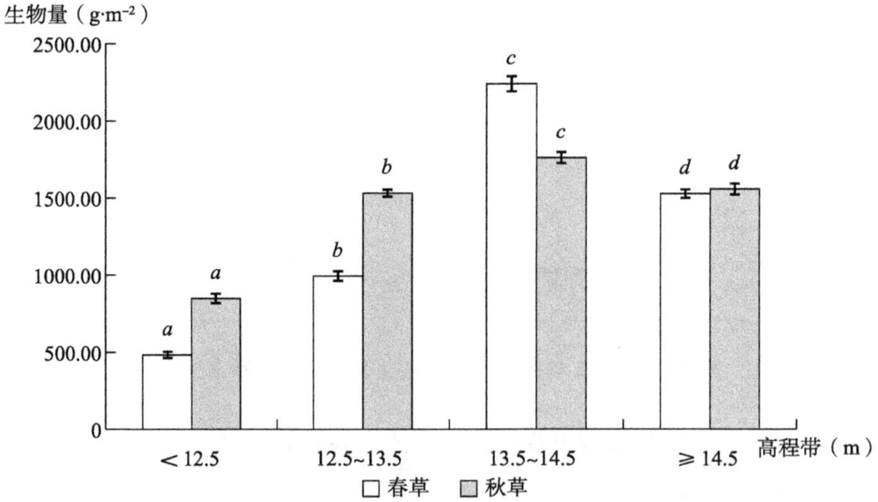

图6-2 不同高程带灰化苔草生物量（干重）

注：不同小写字母表示各生长季内不同高程带间存在显著差异（P<0.01），n=6。

6.4 灰化苔草固碳能力与固碳量

根据式（6-1）、式（6-2）计算得到灰化苔草各高程带春草与秋草的固碳能力与固碳量（见表6-2）。由表6-2可知，鄱阳湖湿地灰化苔草春草平均固碳能力［（579.46±294.19）$g \cdot m^{-2}$］略低于秋草［（629.65±155.85）$g \cdot m^{-2}$］，两个生长季内灰化苔草的固碳能力均以13.5~14.5m高程带最大，而12.5m以下高程带最小；但在春草生长季，各高程带间固碳能力均达到了极显著差异（$P<0.001$），而在秋草生长季，除12.5~13.5m与≥14.5m高程带间差异不显著（$P=0.169$）外，其他高程带间固碳能力也均达到了极显著差异（$P<0.001$）。

固碳能力与分布面积决定着灰化苔草的固碳量。虽然春草固碳能力略低于秋草，但由于春草的分布面积（798.80km^2）大于秋草（746.55km^2），尤其在固碳能力较强的13.5~14.5m和≥14.5m高程带，春草的分布面积分别是秋草的1.27倍和1.67倍，因此，两个生长季内灰化苔草的固碳量基本相当，分别为44.05×10^4t和44.10×10^4t。而各高程带的固碳量在不同生长季会发生一定变动，春草生长季内最大固碳量出现在13.5~14.5m高程带（19.84×10^4t），最小固碳量出现在<12.5m高程带（4.41×10^4t）；而秋草生长季内最大固碳量则出现在12.5~13.5m高程带（17.29×10^4t），最小固碳量出现在≥14.5m高程带（4.51×10^4t）（见表6-2）。此外，高程带间固碳能力和固碳量变幅均表现为春草>秋草。从全年来看，灰化苔草年固碳量为88.15×10^4t，年均固碳能力可达到1103~1180$g \cdot m^{-2}$。

表 6-2　不同高程带灰化苔草固碳能力与固碳量

高程带	固碳能力（$g \cdot m^{-2}$）		固碳量（$\times 10^4 t$）	
	春草	秋草	春草	秋草
<12. 5m	213. 82±8. 86 a	375. 15±13. 48 a	4. 41	10. 07
12. 5~13. 5m	439. 24±13. 71 b	677. 14±10. 03 b	12. 40	17. 29
13. 5~14. 5m	990. 08±21. 68 c	777. 92±15. 76 c	19. 84	12. 21
≥14. 5m	674. 71±11. 92 d	688. 37±15. 61 b	7. 39	4. 51
平均		579. 46±294. 19	629. 65±155. 85	
合计			44. 05	44. 10

注：各高程带（<12. 5m，12. 5~13. 5m，13. 5~14. 5m，≥14. 5m）样本数 $n=6$；平均值样本数 $n=24$。同列不同小写字母表示生长季内高程带间存在显著差异（P<0. 01）。

6. 5　湿地植物固碳能力差异

鄱阳湖湿地灰化苔草的年均固碳能力明显高于全球陆地植被的平均固碳能力（见表 6-3），也高于我国陆地植被的平均固碳能力，分别是我国湖泊、河流、沼泽等生态系统年均固碳能力的 7. 50 倍、5. 03 倍、1. 82 倍以上。与我国其他地区典型湿地植物相比，鄱阳湖湿地灰化苔草的年均固碳能力高于洪湖湿地菰（Zizania latifolia）和黄河三角洲湿地芦苇，也高于杭州湾和崇明东滩湿地的海三棱藨草（Scirpus mariqueter）的固碳能力，而与白洋淀湿地芦苇固碳能力相当，但低于杭州湾和崇明东滩湿地芦苇的年均固碳能力。可见，鄱阳湖湿地灰化苔草具有较强的固碳能力。但需要注意的是，灰化苔草固定的碳并不能全部保存下来，一部分会通过植物的呼吸作用、微生物的分解作用以 CO_2、CH_4 等温室气体的形式释放到环境中，表现出碳源功能。已有研究发现，鄱阳湖苔草湿地在非淹水期 CO_2 释放量为 205. 99 $gC \cdot m^{-2}$，而 CH_4 释放量约为 0. 12 $gC \cdot m^{-2}$（胡启武等，2011），其总体的碳释放能力要远小于灰化苔草各生长季的碳固定能力。综合来看，灰化苔草在生长季内是鄱阳湖湿地的一个重要碳汇。

表 6-3　不同生态系统与湿地植物固碳能力　　单位：$g \cdot m^{-2}$

类型		区域	年均固碳能力	数据来源
生态系统	陆地植被	全球	410	李银鹏、季劲均（2001）
	陆地植被	中国	490	何浩等（2005）
	湖泊		147	
	河流		219	
	沼泽		606	
湿地植物	海三棱藨草	杭州湾	274.1	邵学新等（2013）
	芦苇		1877	
	海三棱藨草	崇明东滩	630±280	梅雪英、张修峰（2007）
	芦苇		1630±390	
	野菰	洪湖	530	付硕章等（2013）
	芦苇	黄河三角洲	700	张绪良等（2012）
	芦苇	白洋淀	820~1650	李博等（2009）

在鄱阳湖湿地，受水文条件等环境因素的影响，植物沿高程呈较为明显的带状分布特点，不同的湿地植物占据着一定的高程区间（胡振鹏等，2010），而在不同的生长季，由于环境条件的改变，植物分布的高程区间也会发生变动。在同一植物分布带中，由于各高程带的水分条件和水文经历不同，植物的生长发育状况不尽相同，表现出不同的生态和生理特征（王丽等，2008）。灰化苔草是鄱阳湖湿地典型的洲滩优势植物，2013 年灰化苔草春草和秋草主要分布在 12~16m 高程带上，但由于鄱阳湖水位的节律性涨落变化，不同高程带水文条件差异明显，这对灰化苔草的生长发育状况会产生重要影响。13.5m 以下高程带在灰化苔草生长季内长期处于过度湿润或淹水状态，使得灰化苔草生长受到抑制，其生物量和固碳能力相对较低，14.5m 及以上高程带则相对干旱，灰化苔草生长同样会受到水分相对缺乏的限制，而 13.5~14.5m 高程带

在生长季内处于中度湿润或间歇性半淹水状态，形成有利于灰化苔草生长的水文条件，其生物量和固碳能力达到最高。灰化苔草生物量和固碳能力出现的这种空间分异是灰化苔草对鄱阳湖水位年内节律性变化长期适应的结果。

6.6 本章小结

鄱阳湖湿地灰化苔草作为洲滩优势植物种，具有较强的固碳能力，本章通过对比发现，灰化苔草固碳能力高于全球和我国陆地植被的平均固碳能力，也高于许多地区典型湿地植物的固碳能力。在两个生长季内，灰化苔草春草的平均固碳能力［(579.46±294.19) $g \cdot m^{-2}$］略低于秋草［(629.65±155.85) $g \cdot m^{-2}$］，不同高程带的固碳能力均以13.5~14.5m高程带最大，而12.5m以下高程带最小；在春草生长季，各高程带间固碳能力均达到了极显著差异（$P<0.001$），而在秋草生长季，除12.5~13.5m与≥14.5m高程带间差异不显著（$P=0.169$）外，其他高程带间固碳能力也均达到了极显著差异（$P<0.001$）。

灰化苔草春草和秋草的固碳量基本相当，分别为44.05×10^4t和44.10×10^4t。但由于受灰化苔草分布面积和生物量变动的影响，各高程带固碳量在不同生长季会发生一定变动，春草生长季内最大固碳量出现在13.5~14.5m高程带（19.84×10^4t），最小固碳量出现在<12.5m高程带（4.41×10^4t）；而秋草生长季内最大固碳量则出现在12.5~13.5m高程带（17.29×10^4t），最小固碳量出现在≥14.5m高程带（4.51×10^4t）。从全年来看，灰化苔草年固碳量为88.15×10^4t，年均固碳能力可达到1103~1180$g \cdot m^{-2}$，远高于其生长季内的碳释放能力，是鄱阳湖湿地的一个重要碳汇，在区域碳循环过程中发挥重要作用。

第7章

鄱阳湖湿地灰化苔草氮磷变化研究

湿地作为生源要素重要的“源”“汇”和“转化器”（Mitsch et al.，2000），其内部各元素的迁移转化与积累能力影响着湿地生物地球化学循环的进程（闫芊等，2006；章文龙等，2009），进而影响着湿地生态系统的结构和功能（Venterink et al.，2002；Güsewell & Koerselman，2002）。氮磷是湿地植物生长不可缺少的营养元素，也是湿地生态系统生产力的重要限制性因子和水体富营养化的主要原因（王佳宁等，2006；鲁静等，2011）。湿地植物从土壤、水体等环境中吸收氮磷等营养物质以支持自身生长，并将其转化后固定在植物有机体中，植物死亡后经分解、淋洗等过程又会将固定的氮磷等物质归还到环境当中（郭雪莲、吕宪国，2012）。植物有机体通过吸收、分配、积累和归还等过程参与到氮磷的生物地球化学循环，是整个循环体系当中的重要环节，其作用方式和强度对于促进、延缓或遏制湿地生态环境恶化具有重要作用（贾庆宇等，2008；章文龙等，2009；曾从盛等，2009）。

针对湿地植物氮磷分配、积累和生物循环，许多学者已开展部分研究，如 Wang 等（2010）研究了三江平原毛苔草（Carex lasiocarpa）氮磷含量和积累量的季节变化特征；郭雪莲等（2012）则研究了小叶章（Calamagrostics angustifolia）、乌拉苔草（Carex meyeriana）和毛苔草三种典型植物群落氮的积累与分配模式；曾从盛等（2009）研究了闽江河口芦苇（Phragmites australis）、互花米草（Spartina alterniflora）以及短叶茳芏（Cyperus malaccensis）氮磷含量、生物量的动态变化及植物生产力的限制因子；吴春笃等（2006，2007）研究了北固山湿地虉草（Phalaris arundinacea）和芦苇对氮磷的吸收与积累能力；邵学新等（2013）则对杭州湾潮滩湿地芦苇、互花米草和海三棱藨草（Scirpus mariqueter）3种优势植物的氮磷含量与储量变化进行了研究。从已有的研究成果来看，当前研究更多集中在淡水沼泽湿地植物和滨海盐沼湿地植物，而对淡水湖泊湿地植物研究相对较少。开展淡水湖泊湿地植物氮磷营养元素的吸收、分配模式、迁移转化与积累特征研究，对于丰富和完善湿地氮磷养分循环理论、进一步正确理解湿地生物地球化学循环关键过程及其生态作用具有重要意义。

鄱阳湖湿地是我国最大的淡水湖泊湿地，受长江流域及“五河”（赣江、抚河、饶河、修水、信江）来水的共同影响，水位年内波动剧烈、变幅巨大，洲滩干湿交替频繁。这种独特的水文节律形成了芦苇（Phragmites australis）、南荻（Triarrhena lutarioriparia）、灰化苔草（Carex cinerascens）和虉草（Phalaris arundinacea）等湿地植物的带状分布格局和特有的生长发育过程（张全军等，2013；Xu et al，2015），同时也使氮磷等营养物质在湿地生态系统中具有很大的流动性（聂兰琴等，2016）。当前，鄱阳湖湿地植物研究主要集中于植物群落的分布（简敏菲等，2015；谭志强等，2016）、空间格局（查东平等，2015）以及植物生长发育与水文变化之间的关系（张丽丽等，2012；冯文娟等，2016），而关于植物体营养元素的动态变化还鲜有报道。开展鄱阳湖湿地植物生长季内不同发育阶段营养元素的吸收、分配及转移特征研究，有助于进一步认识鄱阳湖湿地植物的生态功能及其在区域营养物质循环体系当中所起的生态作用。

本章通过对灰化苔草春草生长季内氮磷含量与储量动态变化进行研究，以期揭示高变幅水位波动背景下鄱阳湖湿地植物的养分利用、分配模式和变化特征，为深入了解淡水湖泊湿地氮磷养分循环的关键过程和运行机制提供理论依据。

7.1　研究方法

7.1.1　样品采集与处理

本研究选取星子县城南部落星墩附近灰化苔草集中分布区作为野外观测样地。样地内灰化苔草群落为单一优势种群落，灰化苔草个体数目和生物量占到群落总量的 95%以上，群落内偶有水田碎米荠（Potrntilla limprichtii）、水蓼（Polygonum hydropiper）、下江委陵菜（Cardamine-lyrata）等伴生种出现。灰化苔草主要分布在 12~15m 高程带上，不同高程带由于水分等环境条件的差异，灰化苔草群落特征有所不同。低滩位（12~13m 高程带）长期处于过度湿润或水淹状态，成熟期株高仅 30~50cm，群落盖度为 50%~70%；中滩位（13~14m 高程带）在灰化苔草生长季的中后期遭受间歇性水淹，株高可达 60~100cm，群落盖度为 80%~100%；而高滩位（14~15m 高程带）在灰化苔草成熟期才开始经历水淹，株高为 70~110cm，群落盖度为 90%~100%。考虑到不同高程带水文条件和灰化苔草长势差异，本研究在样地内布设 2 条样带，在每条样带的不同高程带（低滩位、中滩位、高滩位）各布设 1 个1m×1m 的样方，用 GPS 确定各样方的地理位置。在春草生长季内每月采样一次，分别于 2015 年 3 月 2 日（幼苗期）、4 月 3 日（花期）和 5 月 2 日（成熟期）采集植物样品，花期和成熟期采样均将上次样方沿同高程略做平移，以避免重复采样对结果造成的干扰，每次共计采集 6 个样品。采样时统计各样方的灰化苔草密度，在样方内按对角线法用剪刀沿地面剪下 9

株灰化苔草地上部分（包括已枯的叶片），并用小铁锹挖掘其地下根系，装入密封袋中，带回实验室用清水冲洗泥沙等杂物，晾干后用精度为 0.01g 的电子天平分别称量地上与地下部分鲜重，之后将其置于鼓风干燥箱中 80℃下烘干至恒重，并分别称其干重，最后将烘干样品进行粉碎、研磨，过 100 目筛后装入密封袋内保存，用于测定植物体的氮磷含量。

7.1.2　测定方法与计算

将粉碎后的植物样品用硫酸-高氯酸（$H_2SO_4-HClO_4$）进行消煮，分别采用凯氏定氮法和钼锑抗比色法测定全氮和全磷含量（郝再彬等，2004）。氮、磷储量计算公式如下：

$$M_N = T_N \times B;\ M_P = T_P \times B$$

式中：M_N、M_P 分别为氮、磷储量（$g \cdot m^{-2}$）；T_N、T_P 为单位生物量（干重）的氮、磷含量（$g \cdot kg^{-1}$）；B 为单位面积的干重生物量（$g \cdot m^{-2}$）（刘存歧等，2012）。

利用每次采样各样方测得的 9 株灰化苔草生物量计算出单株生物量，乘以密度后，换算成各样方单位面积生物量，并求其平均值和标准差，以平均值±标准差作为该生长期灰化苔草生物量的统计值（$n=6$）；将每次各样方 9 株灰化苔草测算的氮磷含量和氮磷储量分别计算其平均值和标准差，以平均值±标准差作为该生长期灰化苔草氮磷含量和氮磷储量的统计值（$n=6$）。

7.1.3　数据统计分析

利用 Excel 2007 进行数据分析；采用相关分析确定灰化苔草生物量、氮磷含量与氮磷储量之间的相关性；通过 t-test 方法分别比较灰化苔草地上与地下部分的生物量、氮磷含量及氮磷储量之间的差异。

7.2　灰化苔草生物量分配变化

调查期间，灰化苔草地上生物量、地下生物量和总生物量的变化范围分别为 0.69~4.71kg·m^{-2}、0.60~4.19kg·m^{-2}和 1.29~9.90kg·m^{-2}（见图 7-1），各部分生物量在春草生长季内动态变化一致，均随时间的推移而逐渐增加，最大值出现在成熟期（5 月），地上生物量、地下生物量与总生物量平均值分别达到（4.24±0.29）kg·m^{-2}、（3.90±0.21）kg·m^{-2}、（8.14±0.49）kg·m^{-2}；灰化苔草在不同生长期的地上生物量均高于地下生物量，但在幼苗期，其地上生物量和地下生物量之间的差异不显著（$P>0.05$），而在花期和成熟期时，两者差异分别达到了极显著（$P<0.01$）和显著（$P<0.05$）。在不同生长阶段，灰化苔草各部分生物量积累速率不同，其中地上部分在生长前期（3—4 月）生物量积累速率为 0.07kg·$m^{-2}d^{-1}$，明显高于生长后期（4—5 月）的 0.04kg·$m^{-2}d^{-1}$；地下生物量则在整个生长季内保持相对稳定的积累速率，为 0.05kg·$m^{-2}d^{-1}$；

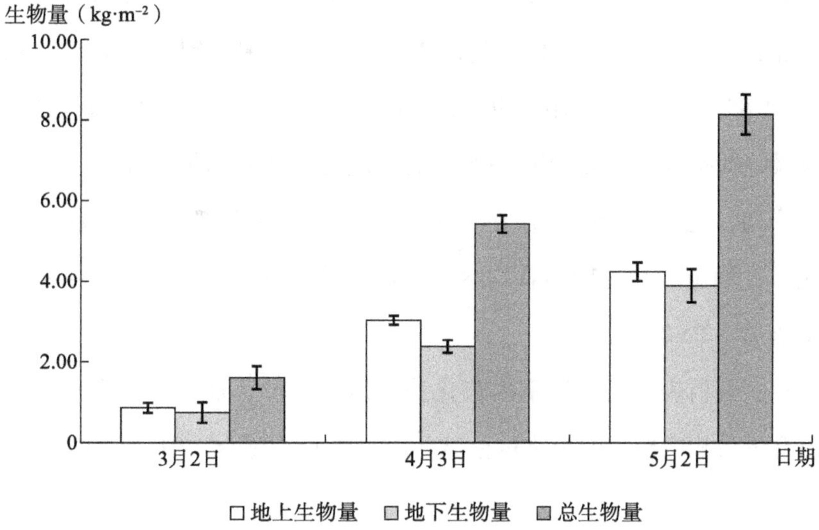

图 7-1　灰化苔草各部分生物量动态变化

而总生物量积累速率表现为生长前期（0.12kg·$m^{-2}d^{-1}$）高于生长后期（0.09kg·$m^{-2}d^{-1}$）。

7.3 灰化苔草氮磷含量变化

在灰化苔草春草生长季内，地上部分、地下部分和总体平均的氮含量变化范围分别为12.66~17.56g·kg^{-1}、9.21~16.96g·kg^{-1}和11.35~17.28g·kg^{-1}（见图7-2（a）），各部位的氮含量动态变化趋于一致，最大值出现在幼苗期［地上部分：（16.65±0.75）g/kg；地下部分：（16.27±0.75）g·kg^{-1}；总体：（16.47±0.75）g·kg^{-1}］，而最小值则出现在花期［地上部分：（13.36±0.63）g·kg^{-1}；地下部分：（9.79±0.42）g·kg^{-1}；总体：（11.86±0.48）g·kg^{-1}］。在不同生长期，地上部分的氮含量均大于地下部分，其中幼苗期两者差异不显著（$P>0.05$），而在花期和成熟期两者均达到了极显著差异（$P<0.01$）。

调查期间，灰化苔草磷含量显著低于同部位的氮含量（$P<0.01$），其地上部分、地下部分和总体平均的磷含量变化范围分别为3.01~5.21g·kg^{-1}、2.85~5.08g·kg^{-1}和2.95~5.15g·kg^{-1}（见图7-2（b）），各部位磷含量的动态变化与氮元素一致，最大值出现在幼苗期，而最小值则出现在花期，地上部分磷含量在各生长期均大于地下部分。t-test分析结果显示，幼苗期和花期两者均达到了显著差异（$P<0.05$），而成熟期差异不显著（$P>0.05$）。

相关分析表明，生长季内灰化苔草地上部分、地下部分和总体平均氮磷含量与相应部位的生物量呈显著负相关关系（$P<0.01$）（见图7-3）。

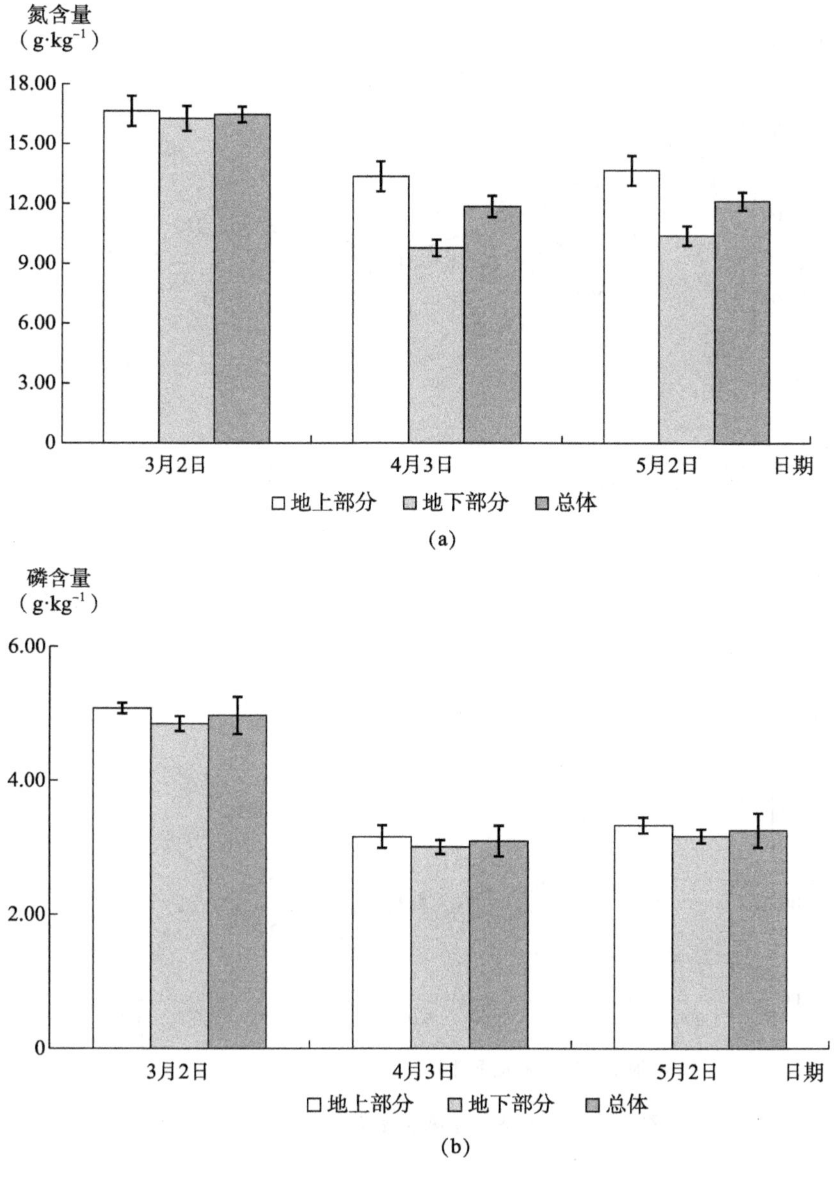

图7-2　灰化苔草氮磷含量动态变化

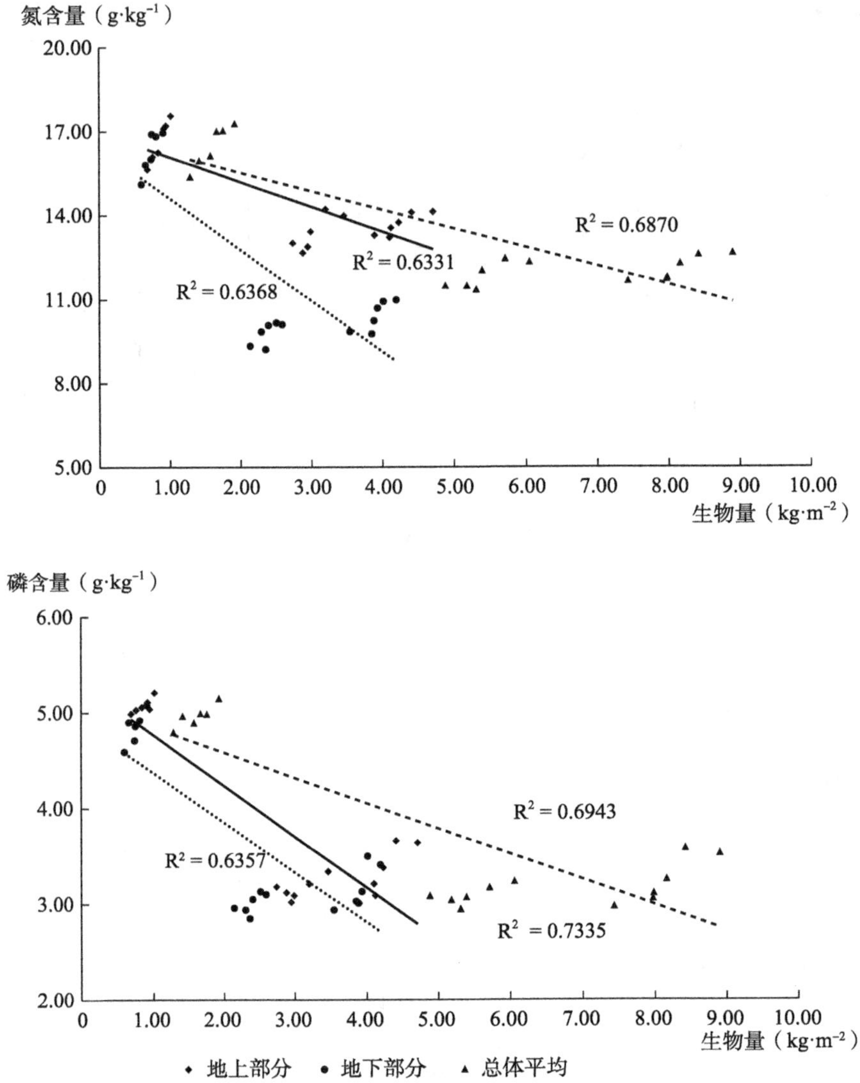

图 7-3　灰化苔草氮磷含量与生物量相关关系

7.4　灰化苔草氮磷储量变化

灰化苔草地上部分、地下部分及总体平均的氮储量均随时间推移不断增加（见图 7-4（a）），至成熟期达到最大值，分别为（14.35±1.60）$g \cdot m^{-2}$、（9.83±1.13）$g \cdot m^{-2}$和（24.19±2.70）$g \cdot m^{-2}$，地上部分是其主要储存部位，占灰化苔草氮总储量的 54%～65%，但地上部分与地下部分氮储量在幼苗期差异不显著（$P>0.05$），而在花期和成熟期达到极显著差异（$P<0.01$）。

灰化苔草各部位磷储量的变化特征与氮储量相同，在成熟期达到最大值［地上部分：（3.51±0.58）$g \cdot m^{-2}$；地下部分：（3.00±0.41）$g \cdot m^{-2}$；总体：（6.51±0.98）$g \cdot m^{-2}$］（见图 7-4（b））。各生长期灰化苔草地上部分磷储量略高于地下部分，占到磷总储量的 54%～59%，在幼苗期和成熟期两者并未形成显著差异（$P>0.05$），而在花期两者差异达到显著水平（$P<0.05$）。总体来看，灰化苔草各部位磷储量显著低于氮储量（$P<0.01$）。

灰化苔草氮磷储量主要受植物体生物量和氮磷含量的影响，相关分析表明，灰化苔草各部位氮磷储量与生物量呈显著正相关关系（$P<0.01$），而与相同部位的氮磷含量则呈显著负相关关系（$P<0.01$）（见图 7-5）。从回归系数来看，灰化苔草生物量对氮磷储量的影响更为明显。

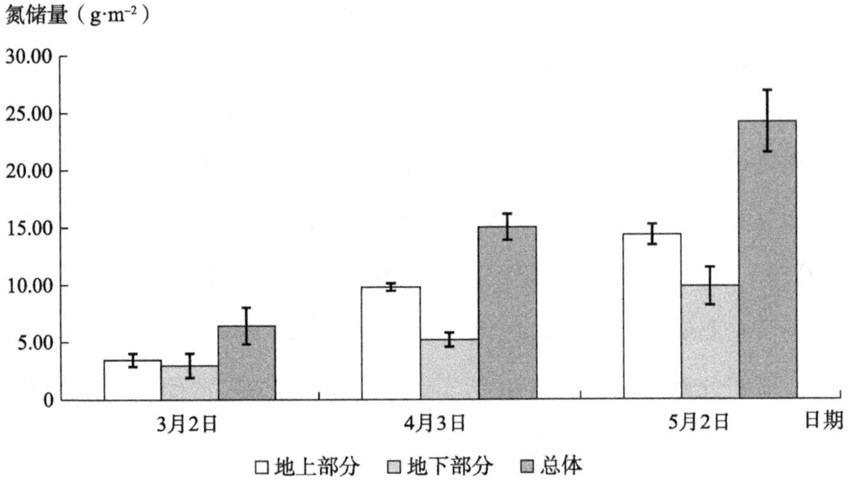

(a)

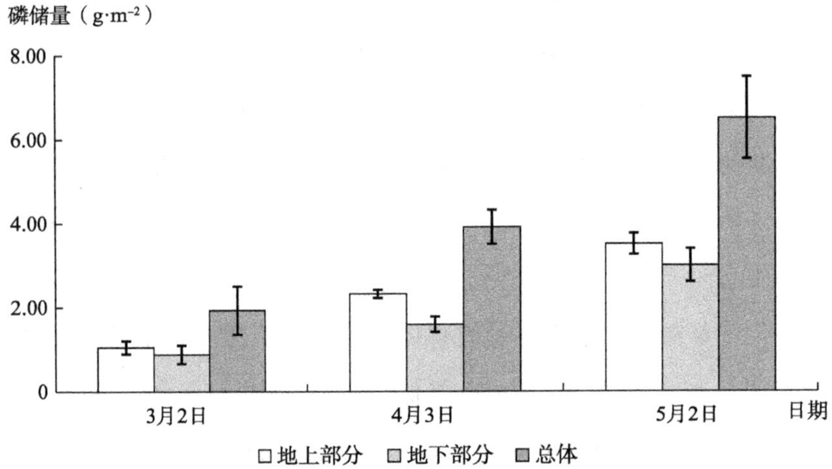

(b)

图 7-4　灰化苔草氮磷储量动态变化

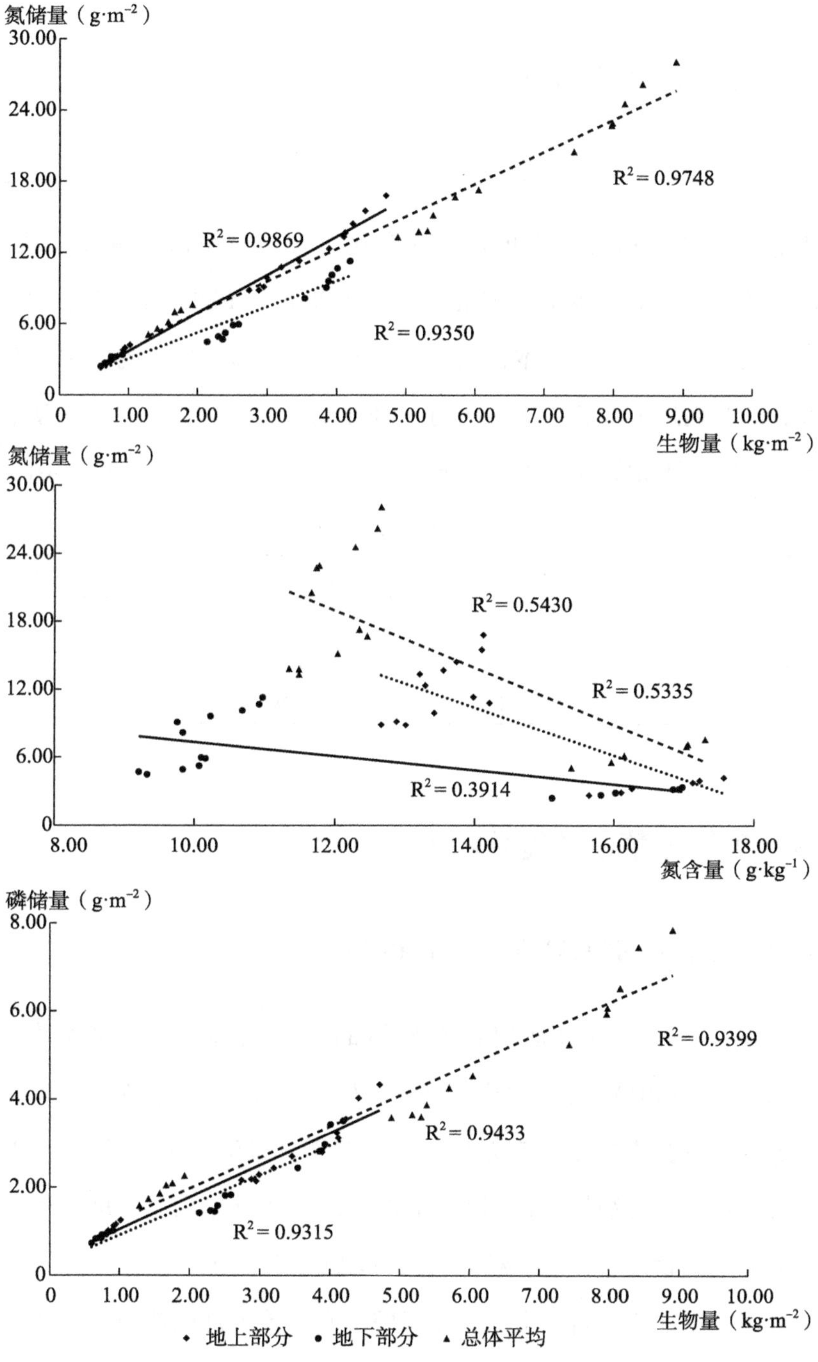

图 7-5　灰化苔草氮磷储量与生物量、氮磷含量相关关系

7.5 灰化苔草氮磷比（N/P）

灰化苔草不同部位 N/P 变化有一定差异（见表 7-1），地上部分与总体平均 N/P 经历先增大再减小的变化过程，最小值出现在幼苗期；而地下部分 N/P 的变化过程则相反，幼苗期 N/P 最大，而花期 N/P 最小，但变化幅度较小，基本稳定维持在 3.26~3.36。从不同部位的对比来看，幼苗期地上部分 N/P 略小于地下部分，但两者差异并不显著(P>0.05)；而花期和成熟期地上部分 N/P 显著高于地下部分（P<0.01）。

表 7-1　灰化苔草 N/P 变化

生长期	地上部分	地下部分	总体平均
幼苗期（3 月）	3.28	3.36	3.32
花期（4 月）	4.23	3.26	3.83
成熟期（5 月）	4.10	3.28	3.72

7.6 灰化苔草氮磷变化机制

7.6.1 灰化苔草氮磷含量变化机制

氮磷元素是构成湿地植物有机体的重要营养元素（熊汉锋等，2007），不同的植物种类、不同生长期以及不同的生境条件下，植物体内的氮磷含量会表现出一定差异（孙志高等，2006；熊汉锋等，2007；鲁静等，2011），这种差异是植物生长节律、光合作用、温度、水分及土壤养分等因素综合作用的结果（郑艳明等，2013）。

鄱阳湖湿地灰化苔草受自身生长特性和环境条件的影响，植物体内的氮磷含量随时间变化表现出一定的规律性，各部位均经历先减少再增加的变化过程。在灰化苔草生长初期（3 月初），植物体需要吸收大量的氮磷元素来合成蛋白质与核酸以维持生长所需，此时无论地上部分还是地下部分，其氮磷含量均较高；之后随着气温的升高、降水的增多以及湖水位的抬升，湿地水热条件得到明显改善，植物的同化作用显著增强，灰化苔草进入快速生长期，生物量积累大幅度增加，但此时的植物根系尚不够发达，吸收氮磷营养元素的能力还较为有限，植物体内的氮磷含量受“稀释效应”的影响而表现出明显下降；而到 5 月的生长末期，灰化苔草已达到成熟阶段，此时鄱阳湖开始进入丰水期，频繁的水淹和半水淹过程使灰化苔草生长放缓甚至停止，但水淹可增加土壤中可溶性营养物质的移动性（Cole，2002），植物体可通过调节体内的生理机制持续地吸收、供应营养元素来应对水淹缺氧造成的环境胁迫（Rubio & Lavado，1999）；此外，该期间植物体也开始逐渐蓄积养分以待下季生长所需，导致该阶段灰化苔草氮磷含量又出现回升，但低于生长初期的氮磷含量。

植物器官本身结构和功能的差异会影响氮磷等营养元素在植物体内的分配（孙崇玉等，2011）。叶是植物光合作用的主要器官，新陈代谢过程中需要大量的氮磷营养元素；而根是氮磷元素的吸收和贮藏器官，担负着供给地上部分养分的任务（于帅等，2012），通常，湿地植物在生长季内会将大部分的营养元素转移到地上器官中，导致植物体地上部分氮磷含量高于地下部分（Rubio & Lavado，1999）。灰化苔草与大多数湿地植物具有相同特点，地上部分的氮磷含量在整个春草生长季内均高于地下部分，但不同生长期两者差异程度有所区别，氮含量在生长季的中后期（4 月和 5 月）两个部位差异较为显著，而磷含量在生长季的中前期（3 月和 4 月）差异更为显著，这种分配格局的差异可能与氮磷养分的生理功能以及灰化苔草的生态适应策略有关。氮元素是构成植物体蛋白质的主要成分，可促进叶绿素的形成和光合作用的进行；而磷元素在植物体内常与其他有机物结合形成磷脂、核酸和辅酶等，能够提高植物的抗寒性和抗旱性，并有利于花果的形成（陆景陵，2003；王镜岩等，2007）。在春草生长季的中前期，灰化苔草将吸收的磷更多地分配到地上部分，以此来应对生长初期的低温和水分缺乏等环境因素的限制，并使灰化苔草能够在生长季中段正常进入花期；而在生长季的中后期，灰化苔草则将吸收的氮元素更多地向地上部分转移，其作用主要在于促进叶绿素的形成和植株的伸长生长，使灰化苔草尽早步入成熟期，以完成其春草生长周期，这可能是灰化苔草应对生长季中后期频繁水淹和半水淹所采取的一种生态适应策略。由此可见，灰化苔草在不同生长期的氮磷含量变化及不同部位间差异，在一定程度上反映了灰化苔草对鄱阳湖区特定水热环境所形成的生态适应性。

7.6.2 灰化苔草氮磷储量变化机制

湿地植物生长发育过程既是能量的固定过程，也是营养元素的积累过程。植物营养元素的积累与储存对于维持湿地生态系统的结构和功能起着重要作用。影响湿地植物营养元素积累的因素主要是植物生物量和营养元素含量。研究期间，虽然灰化苔草各部位氮磷含量经历先减少再增大的变化过程，但是其氮磷储量却随时间推移而不断增加，与灰化苔草生物量的变化过程相一致；相关分析也显示，不同生长期灰化苔草各部位的氮磷储量与生物量呈显著正相关（$P<0.01$），而与氮磷含量呈负相关（$P<0.01$），这表明生物量是决定灰化苔草氮磷储量动态变化的最主要因素。从氮磷含量来看，灰化苔草地上部分与地下部分对氮的富集能力明显强于对磷的富集能力，因此，在不同生长期灰化苔草各部位的氮储量均要高于磷储量。

在灰化苔草的不同生长期，其生物量在不同部位间的分配存在一定差异，而且不同部位对氮磷的需求和富集能力也不尽相同，总体而言，地上部分的生物量及氮磷含量在各生长期均高于地下部分，地上部分成为灰化苔草氮磷最主要的储存部位，其氮磷储量分别占到总储量的54%~65%和54%~59%。该部分固定的氮磷营养元素除一小部分随枯落物保存在湿地土壤中外，大部分会在丰水期随着灰化苔草地上部分的腐烂分解释放到水体中，在一定程度上增加了鄱阳湖水体的营养盐负荷。

7.6.3　灰化苔草生长限制性营养因子

氮磷元素是湿地植物生长重要的限制性营养因子（刘存歧等，2012）。植物体内的氮磷比是具有重要生态意义的指标，通过氮磷比可反映植被的结构和功能特征，也能够反映群落水平的营养限制状况（胡伟芳等，2014；Li et al.，2018）。Koerselman 等（1996）对欧洲沼泽湿地植物研究发现，当氮磷比>16 时，植物生长会受到磷的限制；当氮磷比<14 时，植物生长受到氮的限制；而当氮磷比在 14~16 时，则氮和磷同时限制植物的生长。不同生境条件下，湿地植物氮磷比差异较大，其限制性养分不尽相同。胡伟芳等通过对中国主要湿地植物氮磷含量进行研究，结果显示，河流湿地和湖泊湿地植物的氮磷比较低，多为氮限制，而滨海湿地植物氮磷比较高，多为磷限制，这种差异的原因可能与湿地的水文条件以及生境氮磷的有效性有关（胡伟芳等，2014）。本研究中，鄱阳湖湿地灰化苔草在生长季内氮含量高于磷含量，但总体平均氮磷比偏低，其值在 3. 32~3. 83，低于三江平原的小叶章、闽江河口的短叶茳芏、互花米草等湿地植物。若按上述标准进行判断，鄱阳湖湿地灰化苔草在生长过程中表现为磷元素相对过剩，而氮元素相对缺乏，氮

可能是灰化苔草生长的限制性营养因子。在鄱阳湖湿地，灰化苔草分布的洲滩受湿地水位波动的影响，干湿交替频繁，土壤脱氮作用较为强烈（付姗等，2015），可被植物吸收利用的有效氮磷养分（尤其是氮）易随地表径流和地下径流发生淋溶流失，导致土壤中氮磷元素含量总体偏低；但由于土壤中磷除了来源于动植物残体归还外，更大程度上来源于成土母质的矿化分解，释放较为缓慢，也较氮元素更为稳定，其含量相对于氮元素保持在一个较高的水平（郑艳明等，2013），受生境中氮磷养分的影响，灰化苔草生长发育过程中更可能受到氮缺乏的限制。需要注意的是，Koerselman等提出的营养限制理论虽然为判断湿地植物生长的限制性养分提供了重要依据，但是由于不同地区生境条件以及植物内在特性的差异，不同湿地植物的氮磷比临界阈值可能会发生改变，因此，利用这种化学计量关系来判断植物生长的限制性养分还需要严格的野外施肥试验来进一步验证。

7.7 本章小结

本章基于野外实地观测和室内实验分析，研究了鄱阳湖淡水湿地灰化苔草春草生长季内不同部位生物量、氮磷含量及氮磷储量的动态变化，并对变化原因进行初步分析，主要得到以下结论：

（1）在生长季内，鄱阳湖湿地灰化苔草各部位的生物量均随时间推移而逐渐增加，最大值出现在成熟期，地上部分生物量在各生长期均高于地下部分；但不同生长阶段，生物量积累速率有所不同，地上部分与总体平均表现为生长前期（3—4 月）高于生长后期（4—5 月），而地下部分则保持相对稳定的积累速率。

（2）灰化苔草各部位的氮磷含量均经历了先减少再增加的变化过

程。地上部分的氮磷含量在各个生长期均高于地下部分，但氮元素在生长的中后期（4 月和 5 月）两者表现出显著差异，而磷元素则在生长的中前期（3 月和 4 月）差异更为显著。

（3）研究期间，灰化苔草各部位氮磷储量均随时间推移而增加，生物量是决定氮磷储量动态变化的最主要因素，但由于灰化苔草氮磷富集能力的差异，在各生长期灰化苔草不同部位氮储量均高于磷储量；地上部分是灰化苔草氮磷元素主要的储存部位。

（4）灰化苔草氮磷比总体平均介于 3.32～3.83，若按 Koerselman 等的营养限制理论进行判断，则灰化苔草生长过程中磷元素相对过剩，而氮元素相对缺乏，氮元素可能是灰化苔草生长的限制性营养因子。

第 8 章

鄱阳湖湿地土壤氮素变化模拟研究

富营养化是现阶段我国众多水体存在的突出水环境问题之一，主要表现为水体中氮磷浓度持续增加，造成浮游藻类大量繁殖，水体的溶解氧含量降低，鱼虾大量死亡，这不仅严重破坏了水域生态系统的平衡，而且给人类的生产和生活带来了巨大影响。水体中氮的来源可分为外源和内源，随着城市污水处理效果的提高和流域保护措施的实施，水体氮外源的输入呈逐渐减少的趋势。但不可忽视的是，湿地土壤亦含有丰富的氮。湿地土壤中氮在矿化分解、酶解及解吸附的作用下，通过扩散及再悬浮等方式进入到间隙水或上覆水体中，也会成为水体氮污染的重要来源（刘德鸿等，2016；刘存歧等，2007）。

氮素在水生态系统中所发生的迁移转化与环境因子密切相关（Mark et al.，2007）。对于鄱阳湖湿地而言，受江湖关系及降水量的季节变化影响，水位年内波动频繁，湿地土壤不断经历着淹水、出露、干旱及复淹等过程。水分条件的变化引起土壤 pH 值、溶解氧含量以及土壤微生物活性等理化性质发生改变。从营养盐循环角度来看，土壤理化性质的改变会影响土壤中氮的迁移转化过程及其对水体富营养化的贡献（王圣瑞等，2015；张昆等，2009）。近年来，受气候变化及大型水利工程运行的影响，鄱阳湖湿地干旱事件频发，湖水位屡创新低，表现为湿地洲滩出露面积增加、出露时间提前和持续时间延长等新特征（闵骞、占腊生，2012；叶春等，2013），部分湿地植物分布高程有所下降，分布区域逐渐向湖心方向扩展（叶春等，2013；余莉等，2011）。鄱阳湖湿地植被占总面积的33.65%，生物量达到3735.93g·m^{-2}，在营养元素的生物地球化学循环中起着重要作用。灰化苔草（Carex cinerascens）作为鄱阳湖湿地重要建群种之一，主要分布在中低位洲滩上，是鄱阳湖湿地分布面积最广的植被类型（谭志强，2016），春草一般每年2—5月为萌发生长期，丰水期被湖水淹没，大量死亡或进入休眠状态，秋草则在秋季退水期洲滩出露后开始生长，一般9—12月为萌发生长期，次年1—2月地上部分枯萎死亡。湿地植物在不同水分条件下，其腐烂分解速率的变化会影响土壤营养盐的积累和营养盐在水土间的分配（潘慧云等，2008；Gao et al.，2009），进而影响到湿地营养物质循环和能量流动。目前，关于湿地植物腐烂分解实验多集中在水生植物自身分解速率、营养盐的释放速率与环境因子的关系及对受纳水体的影响等方面，而关于湿地洲滩植物腐烂分解对土壤营养盐循环产生的影响研究相对较少。已有研究显示，鄱阳湖水体氮、磷等主要污染物浓度显著增加，水质下降趋势明显，现阶段鄱阳湖总体归于Ⅳ类水质，在所有的调查对象中，有43.64%的水域总氮（全氮）含量超过Ⅳ类地表水标准，远比磷污染严重（陈晓玲等，2013）。为深入了解水分条件变化和湿地植物对营养元素迁移转化的影响，本章利用室内模拟试验开展了不同干湿条件下土壤氮素变化特征研究，同时分析了干湿变化下灰化苔草腐烂分解对土壤氮素所产生的影响，以期从生物地球化学循环角度为鄱阳湖水环境变化机制研究提供理论支撑。

8.1 材料与方法

8.1.1 实验设计

2015年11月25日在鄱阳湖星子县城南落星墩（29.437°N～

29.455°N，116.008°E～116.046°E）灰化苔草集中分布区，随机设置10个采样点。在每个采样点，采集0～10cm深度的土壤样品，共采集了10个样品，每个样品约10kg，混合均匀后，带回实验室。在实验室中，剔除样品中的植物根茎、动物和石头等杂物，并将其晾干。在采集土壤样品的同时，采集灰化苔草植物样品，采用挖掘法采集整株植物，每个样点共采集20株植物样品。

在模拟实验开展前，将灰化苔草样品冲洗干净，用吸水纸吸干后，将其置于鼓风干燥箱内，于80℃下烘干至恒重，然后研磨和粉碎。取约2kg土壤样品，加1次水，搅成细泥状，过100目尼龙网筛，之后，将土壤样品装入内径为8.5cm、长为50cm的有机玻璃柱中，填土深度约为10cm；采用橡胶软管，缓慢注入一定量的水，使土壤以上水层高约10cm。共设置有机玻璃柱26根，都放入SPX-250B-G型光照培养箱中，于25℃恒温下培养。

2015年12月15日至2016年3月21日进行模拟实验，共98d。将粉碎后的灰化苔草加在土壤表层以下2～5cm处，并且每根柱子添加的苔草质量都为10g。2d后，取出其中的两根柱子，作为初始样品。其余柱子被分为8个培养组，分别为露干组（不添加上覆水）、恒湿组（一直保持10cm深度上覆水）、干湿交替组（一周不添加上覆水，一周保持10cm深度上覆水）、水位上升组（前28d不加上覆水，中间28d干湿交替，后期保持10cm深度上覆水）、水位下降组（前28d保持10cm深度上覆水，中间28d干湿交替，后期不加上覆水）、干湿交替组+灰化苔草、水位上升组+灰化苔草、水位下降组+灰化苔草，每组设置3个平行。培养期间，采用虹吸法，排出土壤的上覆水。实验结束后，测定0～2cm深度表层土壤溶解氧含量，然后，将柱状样品按照0～2cm、2～5cm和5～10cm的深度分割，将深度相同的同组样品混合均匀，一部分装入聚乙烯塑料盒冷藏备用；另一部分冷冻、干燥，并研磨，过100目筛，备用。

8.1.2 样品测定

利用光纤测氧仪，在20℃条件下测定土壤表层溶解氧含量；采用烘干称重法，测定土壤含水率；利用pH计，测定土壤pH值（水土比为1∶2）；采用油浴加热重铬酸钾氧化法，测定土壤有机碳含量；采用元素分析仪，测定土壤总氮含量；采用靛酚蓝比色法，测定土壤铵态氮含量；采用氯化钾提取及分光光度法，测定土壤硝态氮含量（鲁如坤，2000）；土壤总氮含量减去铵态氮含量和硝态氮含量，得到土壤有机氮含量。

8.1.3 数据处理

用培养前、后的土壤铵态氮含量和硝态氮含量差来表示土壤氮的矿化量。采用Excel 2007和Origin 8.0软件，进行数据处理和绘图。采用Pearson相关分析方法，利用SPSS 19.0软件对数据进行相关性分析。

8.2 湿地土壤基本理化性质的变化

水位涨落是鄱阳湖湿地的一个显著特征，由此带来土壤水分含量的变化，亦会影响湿地土壤的基本理化性质，进而影响土壤营养物质的迁移转化。本研究中发现，土壤培养结束后，露干和水位下降处理下土壤含水量显著减少，都从初始的43%分别降低到4%和8%，其他处理下的土壤含水量变化较小，为37%~42%，且在垂向分布上土壤含水量差异较小。土壤培养开始时，土壤的pH值约为5.44，培养实验结束后，除露干处理下土壤 pH 值基本没有变化外，其他处理下 pH 值都明显增大，干湿交替+灰化苔草碎末处理下的土壤 pH 值增幅最大，为 6.24。在未添加灰化苔草处理中，恒湿和干湿交替处理的土壤 pH 值明显高于其他处理，表明增加弱酸性土壤的含水量能提高其 pH 值。在相同培养条件下，添加灰化苔草碎末处理下的土壤 pH 值略高于无添加处理组。在水土交接处，土壤溶解氧质量浓度为 0.65~0.66mg·L^{-1}，在表层土壤（深度约为 2mm）溶解氧含量则低于检测极限（0mg·L^{-1}）。土壤有机碳质量比初始值为 13.15~13.25g·kg^{-1}，恒湿和干湿交替处理下的土壤有机碳含量明显减少，特别是表层 0~2cm 深度的土壤，干湿交替处理下的土壤有机碳含量下降了 13.6%。在植物分解和土壤含水量变化的共同作用下，添加灰化苔草碎末处理的 2~5cm 深度土壤有机碳含量明显增大，频繁干湿交替加快了水生植物的腐烂分解及转化，使土壤有机碳含量增加了 43.2%（见表 8-1）。

表 8-1　各处理条件下土壤性质基本参数

	初始值	露干	恒湿	干湿交替	水位上升	水位下降	灰化苔草		
							干湿交替	水位上升	水位下降
含水率	43 (±0.82)	4 (±1.2)	42 (±0.32)	39 (±0.01)	37 (±0.01)	8 (±0.98)	40 (±0.03)	37 (±0.01)	10 (±0.82)
pH 值	5.44	5.47	6.22	6.18	5.74	5.72	6.24	6.15	5.80
溶解氧 (mg·L^{-1})		0.67	0.66	0.66	0.66	0.66	0.66	0.67	0.66
有机碳 (g·kg^{-1}) (0~2cm)	13.25	13.23	12.53	11.44	12.82	13.10	10.93	8.30	8.87
有机碳 (g·kg^{-1}) (2~5cm)	13.15	12.87	12.63	12.42	13.21	12.93	18.84	13.68	15.56

8.3 湿地土壤全氮和有机氮的变化

实验初始，土壤全氮质量比为 1375~1416mg · kg^{-1} （见图 8-1），土壤有机氮质量比为 1361~1406mg · kg^{-1} （见图 8-2），其占全氮含量的 99%，这表明鄱阳湖湿地土壤氮元素主要以有机结合态的形式存在。有机质矿化分解将是土壤氮元素含量变化的重要过程。土壤中有机氮通过微生物分解，以铵态氮的形式释放到土壤中，一部分通过亚硝化作用及硝化作用，转化为移动性较高的硝态氮，还有一部分通过氨挥发和反硝化作用变成气态氮，扩散到大气中，造成土壤氮损失（唐陈杰等，2014；Zhu et al.，2013）。在不同水含量变化条件下，土壤全氮、有机氮含量变化规律与土壤有机碳含量变化规律相似。在野外调查中也发现鄱阳湖湿地土壤中全氮含量的变化与总有机碳含量的变化相似（胡维等，2012）。实验结束后，恒湿和干湿交替处理下 0~2cm 深度土壤的全氮和有机氮含量显著减少，全氮含量均减小 10.9%，有机氮含量分别减小了 12.0%和 10.9%。恒湿和干湿交替处理下的其他深度土壤以及其他处理下的土壤全氮和有机氮含量变化范围均较小。这是因为水分条件的改变会影响土壤溶解氧含量和可溶性物质在土壤中的扩散速率，进而改变土壤微生物群落结构及活性（栗方亮等，2012）。其他处理及其他深度土壤全氮含量变化幅度较小，但在野外调查中发现，鄱阳湖沉积物全氮含量随高程增加而增大，沉积物出露时间延长会增加土壤全氮含量（何宗健等，2014）。露干处理下的土壤全氮含量与初始值差异较小，这可能和模拟试验周期相对较短有关。

在水含量变化相同的情况下，添加灰化苔草的处理下 2~5cm 深度土壤全氮和有机氮含量均增大。其中，干湿交替处理下土壤全氮和有机

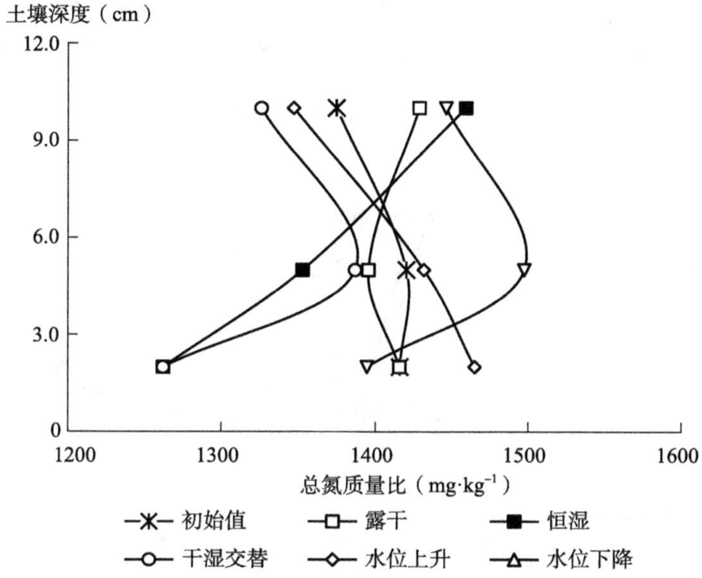

图 8-1　土壤水含量变化对土壤总氮的影响

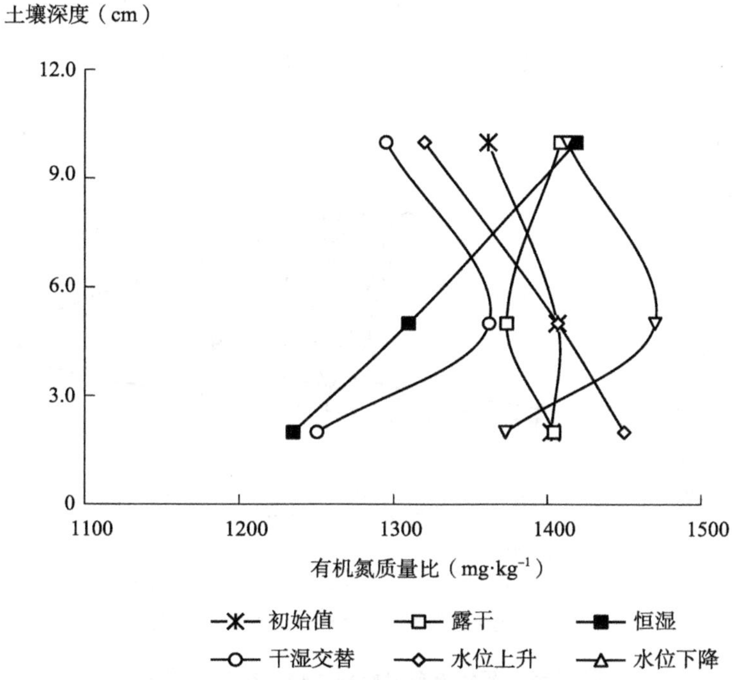

图 8-2　土壤水含量变化对土壤有机氮的影响

氮含量增加幅度最大，水位上升和水位下降处理下土壤全氮和有机氮含量增加幅度也超过了10%（见图8-3、图8-4），这表明植物腐烂、分

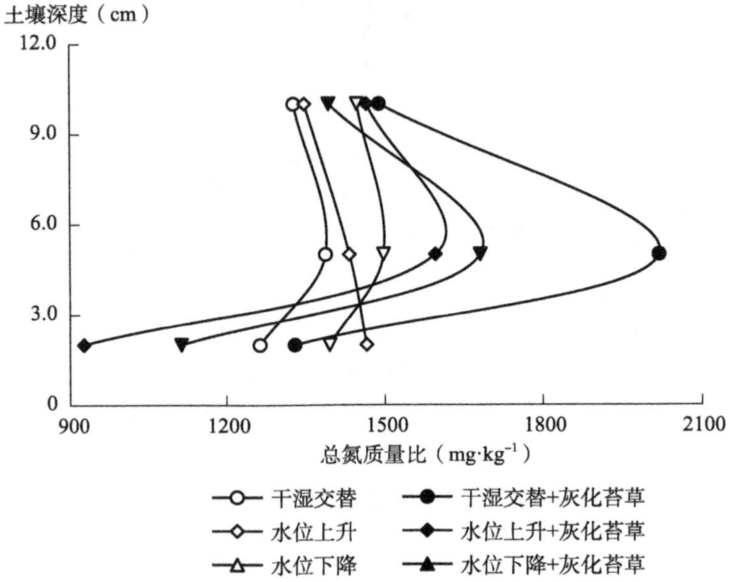

图8-3 灰化苔草分解对土壤总氮的影响

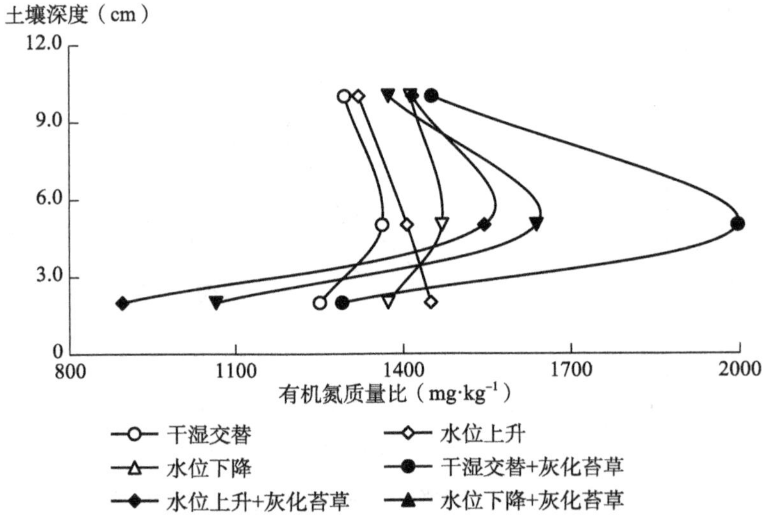

图8-4 灰化苔草分解对土壤有机氮的影响

解对局部土壤氮含量贡献显著。灰化苔草分解既有利于厌氧条件的形成，又可以提供丰富的碳源使微生物活性增大（郑九文，2013；许加星等，2013），从而促使水土界面发生反硝化作用。因此，实验结束后发现 0~2cm 深度的土壤全氮和有机氮含量低于未添加灰化苔草碎末处理，且下降幅度的顺序与 2~5cm 深度土壤的增大幅度顺序正好相反，水位上升和水位下降处理下土壤全氮和有机氮含量减小幅度较大，分别减小了 21%~35%和 24%~36%。

8.4 湿地土壤铵态氮含量的变化

实验初始，湿地土壤铵态氮质量比为 9.86~10.75mg · kg^{-1}，其在全氮含量中所占比例较小，仅为 0.7%~0.8%。有机氮通过氨化作用提高了土壤铵态氮的含量，并且土壤含水量越高，越有利于氨化作用进行。铵态氮是土壤或沉积物氮释放的主要形式，鄱阳湖沉积物铵态氮的最大释放量高达 140.97mg · kg^{-1}（何宗健等，2014）。实验结束后，露干组和干湿交替处理下 0~2cm 深度土壤铵态氮含量略有减小，其他处理下则明显增大，特别是恒湿处理下，土壤含水量为 42%，0~2cm 深度土壤铵态氮质量比增加幅度最大，为 24.84mg · kg^{-1}（见图 8-5）。其他处理下土壤含水量虽然与恒湿处理下基本相当，但是其土壤铵态氮含量增幅明显低于恒湿处理下的，这是因为在水交换过程中，上覆水与土壤之间铵态氮含量之差增大，尽管铵态氮易被胶体吸附，移动性小，但是在浓度差的作用下，土壤铵态氮也易进入上覆水中。在垂向分布上，各处理下 5~10cm 深度土壤铵态氮含量增加量均高于 0~2cm 深度的土壤，也证明了这一观点。

与全氮和有机氮不同，在湿地土壤水含量及灰化苔草的共同作用下，0~2cm 深度土壤铵态氮含量增加幅度较大。其中，在干湿交替及灰化苔草碎末共同作用下，表层土壤铵态氮增加了 262%（见图 8-6）。实验发现其他水生植物如菹草腐烂分解也会导致沉积物氨氮含量增加，且增加幅度与水生植物的初始生物量相关（王鸣远，2016）。

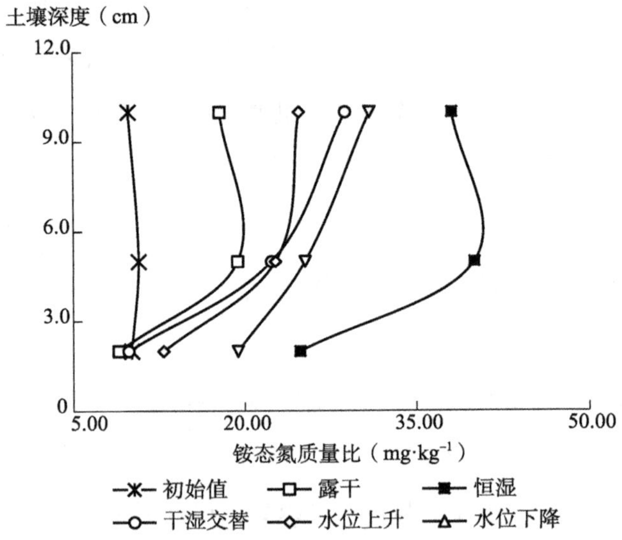

图 8-5 土壤水含量变化对土壤铵态氮的影响

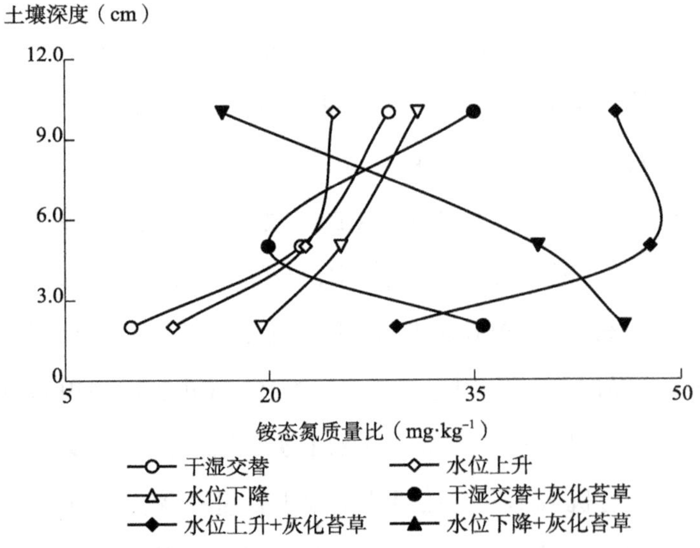

图 8-6 灰化苔草分解对土壤铵态氮的影响

8.5　湿地土壤硝态氮含量的变化

实验初始，土壤硝态氮质量比为 3.18~3.55mg · kg^{-1}，占全氮含量的 0.22%~0.28%。与土壤全氮、有机氮和铵态氮含量的变化规律不同，模拟实验结束后，不论是表层土壤还是深层土壤，硝态氮含量均明显减少，且垂向变化差异不显著。与初始值相比，恒湿处理下土壤硝态氮含量减小幅度最小，为 22.6%；水位上升处理下土壤硝态氮含量减小幅度最大，为 32.7%（见图 8-7）。这是因为硝态氮易发生淋溶流失，造成土壤中硝态氮含量减小。同时，土壤中铵态氮含量也是影响土壤硝化能力的重要因子。研究表明，向土壤中添加铵态氮，能增加亚硝化细菌和硝化细菌的数量，提高土壤的硝化能力（吕艳华等，2008）。在不同处理条件下，土壤铵态氮含量均明显增大，促使一部分铵态氮转化成硝态氮，因此，恒湿处理的硝态氮含量下降幅度最小。土壤酶活性及微生物的活性都与土壤含水量关系密切，硝酸还原酶和亚硝酸还原酶活性在土壤含水量为 10%~40%的变化随含水量的减少而减少，如果土壤含水量进一步减少，两种酶活性则会保持相对稳定；但若干燥后复水，酶的活性则会迅速增大（韩建刚、曹雪，2013；刘亚军等，2017）。硝酸还原酶和亚硝酸还原酶活性增大会促使土壤中硝态氮转化为亚硝态氮和铵态氮，减少土壤中硝态氮的含量。本实验中未分析还原作用对降低土壤硝态氮的贡献，但在不同的培养组中，土壤溶解氧含量均较低，客观上为还原作用的发生提供了条件，其可能也是土壤硝态氮含量减小的一个重要因素。

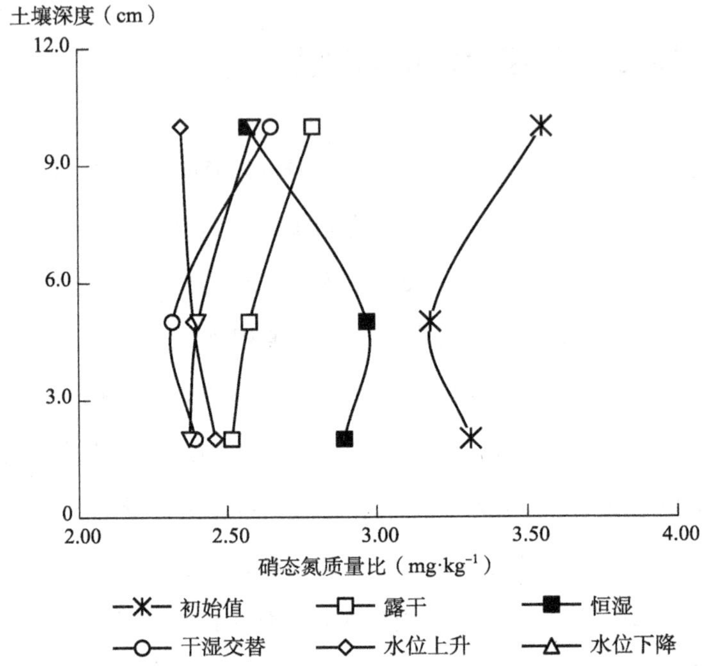

图 8-7　土壤水含量变化对土壤硝态氮的影响

在湿地土壤水含量变化及灰化苔草碎末共同作用下，湿地土壤硝态氮含量整体上增大，特别是表层 0~5cm 深度的土壤，但其增大幅度远低于铵态氮，如水位下降组土壤硝态氮含量增幅最大，为 33%（见图 8-8）。由于实验只关注了初始值和实验结束时沉积物硝态氮含量，因此并不能反映其中间变化过程。氮在沉积物—水界面的迁移转化过程较为复杂，沉积物有机氮经过矿化作用能生成氨氮或硝态氮，这些可交换态氮能扩散到上覆水中，从而提高水体氮的浓度。但同时上覆水中硝态氮也能反向扩散至沉积物厌氧层，通过反硝化作用降低水体氮浓度。因此，在土壤水含量及灰化苔草作用下，氮发生着复杂的变化过程。本实验结果证明了灰化苔草分解在短时间内能显著改变沉积物氮的形态及含量。

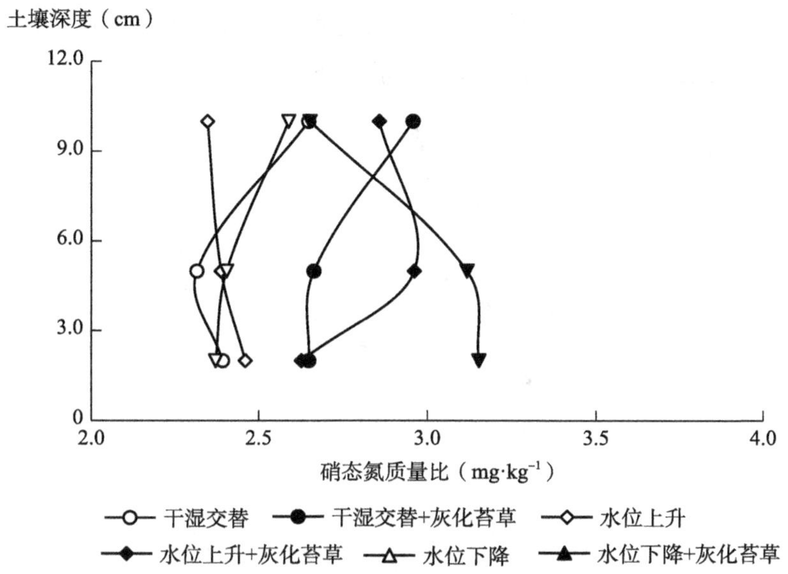

图 8-8　灰化苔草分解对土壤硝态氮的影响

8.6　湿地土壤氮矿化与 pH 值关系

在露干、恒湿、干湿交替、水位上升和水位下降处理下，0~2cm 和 2~5cm 深度土壤氮元素的矿化质量比分别为 -1.2~14.3mg · kg^{-1} 和 8.0~29.1mg · kg^{-1}。在含水量变化和腐烂、分解共同作用下，0~2cm 和 2~5cm 深度土壤氮元素的矿化质量比分别为 8.3~35.6mg · kg^{-1} 和 8.7~36.8mg · kg^{-1}。在土壤含水量相同的情况下，灰化苔草腐烂分解能显著增加土壤氮元素的矿化量。由于土壤矿化量是根据实验前、后土壤铵态氮和硝态氮含量变化计算所得，频繁改变上覆含水量，会促进铵态氮和硝态氮进入上覆水，影响土壤矿化量的数值，因此，在进行土壤 pH 值与矿化度回归分析时，需要将干湿交替处理下的数据剔除。回归分析结果显示，0~2cm 和 2~5cm 深度土壤氮矿化量与 pH 值均呈显著正相关（见图 8-9），这与以往对农业土壤氮矿化量与土壤 pH 值的关系研究结果相一致，其原因在于湿地土壤矿化过程中，释放大量的铵态氮，同时会吸收土壤中的 H^+，这在一定程度上提高了土壤 pH 值。

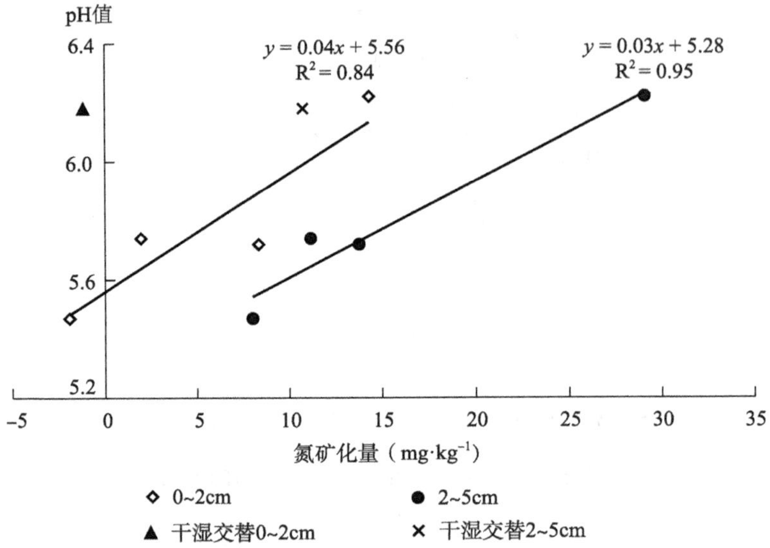

图 8-9　不同处理条件下土壤 pH 值与氮矿化量的关系

8.7　本章小结

本章利用在鄱阳湖南落星墩灰化苔草集中分布区采集的土壤样品，进行 96d 室内模拟实验，研究了不同水分含量及灰化苔草分解过程中土壤氮含量和形态的变化过程，主要得到以下结论：

（1）在未添加灰化苔草碎末的露干、恒湿、干湿交替、水位上升和水位下降处理下，0~2cm 深度土壤全氮、有机氮、铵态氮和硝态氮含量变化范围分别为 1262.0~1465.0mg · kg^{-1}、1235.0~1450.0mg · kg^{-1}、9.0~45.9mg · kg^{-1}和 2.4~3.2mg · kg^{-1}。

（2）与实验初始相比，恒湿和干湿交替处理下 0~2cm 深度土壤总氮含量减少了 10.9%，恒湿处理下 0~2cm 深度土壤铵态氮含量明显增大，且增幅最大。在灰化苔草分解过程中，2～5cm 深度土壤总氮、铵态氮和硝态氮含量都增大，但在添加灰化苔草碎末处理下，0～2cm 深度土壤总氮和有机氮含量小于未添加组，灰化苔草分解提供的丰富碳源使微生物活性加强。

第9章

鄱阳湖湿地土壤磷素变化模拟研究

磷是湿地植物生长发育所必需的营养元素，同时湿地土壤磷的释放也成为水体富营养化的主要污染源。土壤磷的释放受诸多环境因子的限制，如土壤含水量、生物扰动和疏浚工程等（Zhong et al.，2010；张雷等，2010；Wang et al.，2011）。鄱阳湖湿地土壤理化性质的改变，在一定程度上会影响磷的形态和迁移转化过程以及其对水体富营养化的贡献。已有研究发现，鄱阳湖湿地土壤总磷及各形态磷含量随洲滩高程增加而增加，其中活性磷增幅最大，非活性磷增幅最小（刘凯等，2015）；同时，随着高程增加，活性有机磷和中等活性有机磷含量减少，非活性有机磷含量增多（马双丽等，2016）；溶解态总磷、溶解态有机磷和磷酸根的最大释放量也呈增加趋势（王悦敏等，2017）。在气候变化和人类活动的影响下，鄱阳湖湿地呈现出枯水期提前、枯水期时间延长和枯水期水位下降等特征（王圣瑞等，2013），干湿交替现象较之前进一步加剧。

灰化苔草是鄱阳湖湿地分布最广、面积最大的湿生植物，对鄱阳湖湿地生态功能的发挥有着重要作用（王明，2013；吴琴等，2012）。湿地植物分解速率在很大程度上影响着滩地发育以及氮磷等营养元素和其他物质向土壤库的归还，是湿地营养物质循环和能量流动的关键环节（武海涛等，2006；孙志高等，2007）。对于水分条件的变化和湿地植物分解对土壤营养元素的影响，目前主要通过野外调查，分析不同高程沉积物或消落带土壤磷含量及形态空间分布特征（刘凯等，2015；马双丽等，2016；王悦敏等，2017；马利民等，2008）。湿地土壤淹水、出露、干旱及复淹是一个渐进的过程，土壤磷对不同阶段含水量变化和植物分解的响应还鲜有报道。

本章通过室内模拟实验开展了不同含水量条件下土壤磷素形态变化特征研究，同时分析了不同水分条件下灰化苔草腐烂分解对土壤磷素所产生的影响，以期从生物地球化学循环角度为鄱阳湖水土环境变化机制研究提供理论支撑。

9.1 材料与方法

9.1.1 实验设计

同 8.1.1 中的实验设计。

9.1.2 土壤磷含量及形态测定

土壤总磷和无机磷及其形态采用 SMT 法分级提取（Ruban et al.，1999）。其中，总磷的测定是将样品在 450℃ 下灼烧 3h 后，再采用 3.5mol · L^{-1} HCl 振荡提取；无机磷采用 1mol · L^{-1} HCl 直接振荡提取；总有机磷是将提取无机磷后的残余样品用去离子水冲洗后，置于 450℃ 下灼烧 3h，之后用 1mol · L^{-1} HCl 振荡提取；提取液最后均用钼酸铵比色法分析。将无机磷分为铁铝磷（Fe/Al-P）和钙磷（Ca-P），分别采用 NaOH 和 HCl 提取。

土壤有机磷组成分析是选择土壤含水量作用下 0~2cm 深度样品及土壤含水量与优势植物（灰化苔草）分解作用下 0~2cm 和 2~5cm 深度样品。有机磷组成是利用 0.25mol · L^{-1} NaOH+50mmol · L^{-1} EDTA 提取剂，水土比按照 1∶8（w/v）比例混合，在 20℃ 条件下振荡提取 16h，然后再离心以获取上清液，接着在28℃下旋转蒸发浓缩至1mL，浓缩样品冷冻贮存直到分析。在进行^{31}P-NMR分析前，浓缩液中加入10%的D_2O锁定信号，采用Agilent AV 400标准腔，^{31}P的共振频率为161.98MHz，测定温度为20℃，其他分析参数及化学位移的确定参照已发表文献（白秀玲等，2011；王晓钧等，2008；Turner et al.，2003）。

9.2　湿地土壤总磷含量的变化

本研究中，样品采集时将土壤分为0~2cm深度和2~5cm深度，考虑到培养前样品得到充分混合，土壤样品初始性质较均一，为了便于分析，将模拟实验开始时两层土壤总磷含量的平均值531mg·kg^{-1}作为总磷的初始值。实验结束后，各培养组总磷变化如图9-1所示。在不同土壤含水量变化条件下，未添加灰化苔草碎末的5个培养组，0~2cm深度土层总磷含量均略有降低，其中干湿交替处理下0~2cm深度土壤总磷下降幅度最大，为6.3%，其他培养组土壤总磷降低幅度均在5%以内，这表明土壤含水量的快速变化能提高土壤磷的释放总量，降低土壤磷含量；2~5cm深度土壤总磷变化无规律性，但变化幅度均未超过5%。与未添加灰化苔草碎末的5个培养组相似，添加灰化苔草组0~2cm深度土壤总磷也呈下降趋势，特别是在水位上升和水位下降处理下，总磷分别降低了11.4%和12.5%，但干湿交替处理下0~2cm深度土壤总磷仅仅降低了3.4%。添加灰化苔草碎末处理下2~5cm深度土壤总磷含量均高于初始值，且干湿交替处理下2~5cm深度土壤总磷增加幅度最大，为650mg·kg^{-1}，增加了22.4%，这表明土壤频繁的干湿交替能加速湿地植物腐烂分解，促进植物体内磷释放至土壤中，在一定程度上提高了表层土壤的磷含量。

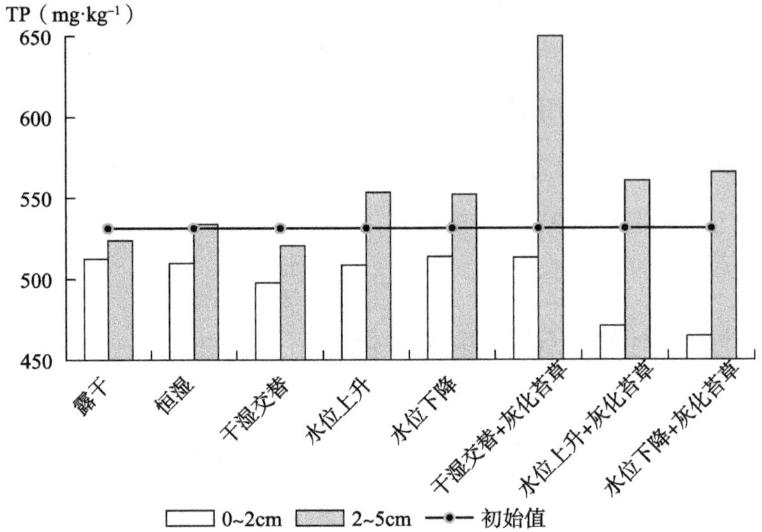

图 9-1　不同处理条件下湿地土壤总磷的变化

9.3　湿地土壤无机磷含量的变化

湿地土壤无机磷的实验初始值为 305mg · kg^{-1}，约占总磷的 57.4%，实验结束后不同处理下无机磷变化如图 9-2 所示。在不同培养条件下，土壤无机磷与总磷整体上变化规律相似。除了干湿交替+灰化苔草组外，其他培养组 0~2cm 深度土壤的无机磷含量均呈不同程度的降低趋势，其中未添加灰化苔草碎末的干湿交替组土壤无机磷下降幅度最大，为 9.2%。与实验初始值相比，干湿交替+灰化苔草碎末处理下 0~2cm 和 2~5cm深度土壤无机磷含量均呈增加趋势，分别增加 1.8%和 26.8%，增加幅度大于其他培养组。

Ca-P 是鄱阳湖湿地土壤无机磷的主要形态，培养组初始均值为 211mg · kg^{-1}，约占无机磷的 69.2%。在土壤含水量变化的作用下，其变化趋势和无机磷相似，干湿交替组 0~2cm 深度土壤降低幅度最

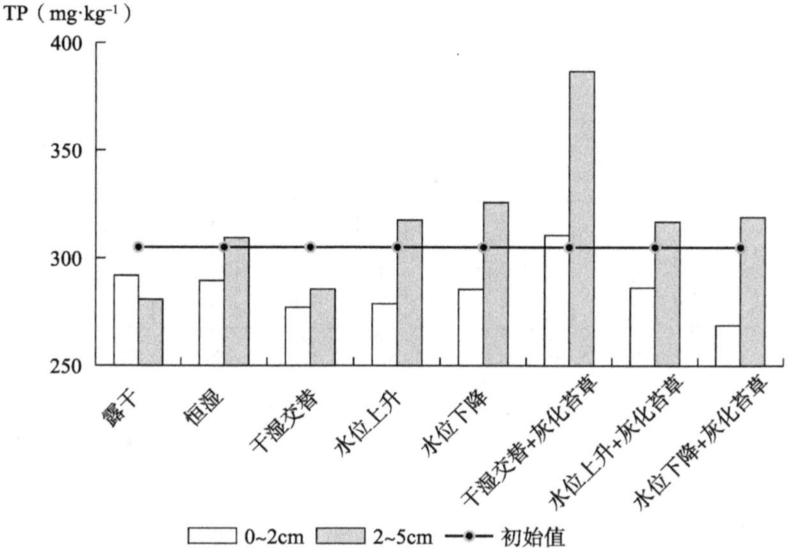

图 9-2　不同处理条件下湿地土壤无机磷的变化

大，为 15.2%；但在植物分解和土壤含水量变化的共同作用下，土壤 Ca-P 整体上呈现不同程度的增加，其中干湿交替+灰化苔草碎末处理下，土壤 Ca-P 增加幅度最大，0~2cm 和 2~5cm 深度土壤中 Ca-P 分别增加了 10.2%和 32%。除了 Ca-P，土壤中 Fe/Al-P 也是无机磷的主要存在形式，培养组土壤 Fe/Al-P 的均值为 $83mg \cdot kg^{-1}$，约占无机磷的 27.3%，但在不同处理下 Fe/Al-P 变化趋势与 Ca-P 明显不同。干湿交替处理下 0~2cm 深度土壤 Fe/Al-P 含量降低幅度较小，仅为 4.3%。而在添加灰化苔草培养组，2~5cm 深度土壤 Fe/Al-P 含量不仅没有明显增加，并且水位上升+灰化苔草碎末和水位下降+灰化苔草碎末处理下 Fe/Al-P 明显降低，降低幅度分别为 10.5%和 15.2%（见图 9-3）。

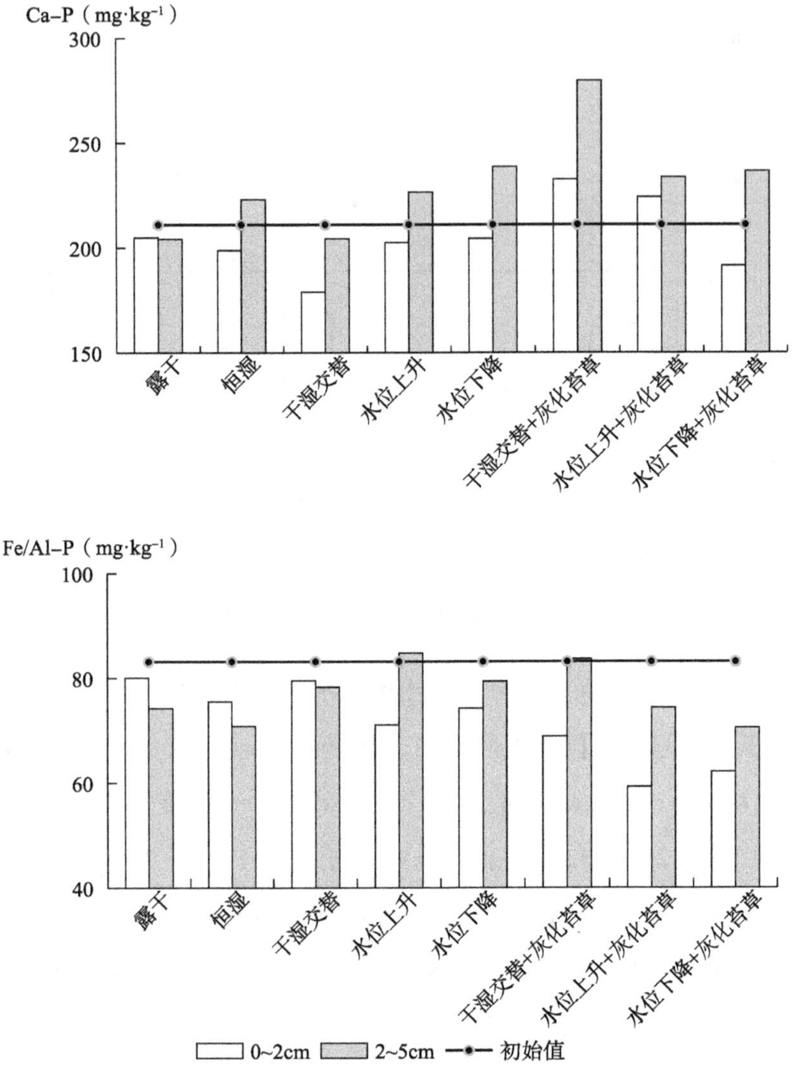

图 9-3　不同处理条件下湿地土壤 Ca-P 和 Fe/Al-P 的变化

9.4　湿地土壤有机磷含量的变化

鄱阳湖湿地土壤有机磷的初始值为 218mg · kg^{-1}，占总磷的 41%。

经过不同处理后，土壤有机磷变化如图 9-4 所示。与无机磷的变化不同，在土壤含水量单一因素作用下，0~2cm 深度土壤有机磷未呈明显的降低趋势。而在土壤含水量与植物分解的共同作用下，0~2cm 深度土壤有机磷则呈现较为明显的降低趋势，降低幅度在 9.0%~15.2%；2~5cm 深度土壤有机磷含量呈不同程度的增加趋势，干湿交替处理下土壤有机磷含量达到 248mg · kg^{-1}，增加了 13.8%。

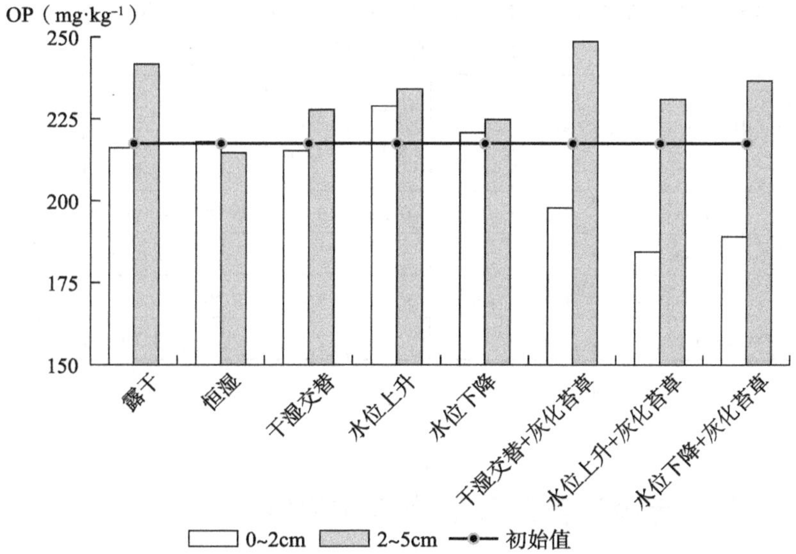

图 9-4　不同处理条件下湿地土壤有机磷的变化

P-NMR 分析结果显示，鄱阳湖湿地土壤磷的组成未出现明显变化，主要由正磷酸盐、单酯、二酯和焦磷酸盐组成。一般采用二酯和单酯的比例以及二酯和焦磷酸盐的比例来反映有机磷的矿化过程或者二酯向单酯的转化过程。二酯/单酯及二酯/焦磷酸盐的实验初始值分别是 0.54 和 2.26，实验结束后，不同培养条件下土壤二酯/单酯及二酯/焦磷酸盐如表 9-1 所示。在土壤含水量变化作用下，0~2cm 深度土壤层中二酯/单酯变化范围是 0.40~0.83，露干及恒湿培养处理下二酯/单酯明显高于初始值，而其他处理条件下变化不明显；除了干湿交替处理外，其他处理条件下土壤中二酯/焦磷酸盐均明显增加，其中恒湿处理下土壤增加最为明显。在土壤含水量及植物分解的共同作用下，0~2cm深度土壤层中二酯/单酯均有小幅度降低；而2~5cm深度土壤层中二酯/单酯及二酯/焦磷酸盐均呈增加趋势，且二酯/焦磷酸盐增加最为明显。具体见表9-1。

表9-1　不同处理条件下土壤（0~2cm和2~5cm）有机磷组成中二酯与单酯和焦磷酸盐比值的变化

比值	土层	初始值	露干	恒湿	干湿交替	水位上升	水位下降	添加水草		
								干湿交替	水位上升	水位下降
二酯/单酯	0~2cm	0.54	0.70	0.83	0.51	0.40	0.58	0.45	0.44	0.47
	2~5cm							0.62	0.62	0.63
二酯/焦磷酸盐	0~2cm	2.26	4.16	23.57	0.74	4.33	13.92	2.18	—	—
	2~5cm							19.19	12.56	—

注：—表示未检测到。

9.5　湿地土壤磷含量及形态变化机制

近年来，由于气候的异常变化及三峡水利工程的兴建与运行，鄱阳湖年最低水位出现明显下降，枯水时间不断延长（欧阳千林、刘卫林，2014），鄱阳湖湿地水文情势的转变使洲滩淹没—出露过程发生明显变化，这对湿地植物的空间分布和生长发育过程产生重要影响，同时也影响到湿地土壤中枯落物及根系的腐烂分解，进而影响氮磷等营养元素在湿地土壤中的存在形态及其迁移转化过程（李爽，2014）。

湿地土壤磷形态一般分为无机磷和有机磷，无机磷主要包括Ca-P和Fe/Al-P（袁和忠等，2010；向速林、周文斌，2010）。本研究通过模拟实验发现，鄱阳湖湿地土壤无机磷占总磷的57%，且以Ca-P为主，有机磷占总磷的41%，其组成包括单酯、二酯和焦磷酸盐。在仅有含水量变化的作用下，土壤磷特别是表层土壤无机磷含量下降较为明显，而有机磷变化趋势并不明显。同时，土壤含水量变化对不同形态无机磷的影响也不尽相同。频繁的干湿交替导致表层土壤Ca-P含量降低了15.2%，而Fe/Al-P含量下降幅度仅为4.3%。Ca-P主要包括自生磷、灰石磷及磷酸钙矿物，如羟基磷灰石和过磷酸钙。在磷形态分级中，通常认为Ca-P属于惰性磷，难以被生物直接利用（武晓飞等，2015）。土壤pH值降低有利于Ca-P释放，但频繁的干湿交替处理下土壤pH值明显增加，其Ca-P含量仍大幅度降低，表明在土壤含水量频繁变化的条件下，湿地土壤和上覆水之间磷的浓度差会导致土壤Ca-P进入到上覆水中，从而导致土壤Ca-P含量降低。Fe/Al-P含量降低幅度较小，这是因为Fe/Al-P含量易受土壤颗粒度及pH值、氧化还原电位等环境因子的影响，含水量的频繁变化会使表层土壤溶解氧含量相对较高，促使二价铁转化为三价铁，磷被稳定地吸附在土壤颗粒及矿物表面，并且水位周期性的变化会导致结晶态铁铝氧化物转化为无定形态铁铝，而后者是磷素的重要吸附位点（汤显强、吴敏，2015；Leira & Cantonati, 2008），因此，含水量的频繁变化在一定程度上减缓了土壤Fe/Al-P的释放速率。已有研究表明，湿地土壤经过长时间干化，当土壤再次覆水后，溶解态磷的释放量会进一步加大（马双丽等，2016），这也与水位上升组Fe/Al-P含量降低幅度最大的研究结果相一致。

在土壤含水量与植物分解的不同作用方式下，不同处理下2~5cm深度土壤总磷呈现不同程度的增加趋势，这是因为鄱阳湖湿地整株灰化苔草磷含量平均值为2.95~5.15g·kg^{-1}（见第7章），高于实验过程中所用的土壤磷含量，并且植物组织中磷主要以磷酸根离子或者化合物的形态存在，湿地枯落物在分解过程中磷易处于释放状态（杨继松等，2006）。干湿交替+灰化苔草碎末处理下 2～5cm 深度土壤总磷增加幅度最大，高达 22%，表明土壤含水量的频繁变化会提高植物的分解速率，增加植物磷的释放量。从磷的形态变化来看，土壤无机磷的增加幅度（26.8%）高于有机磷（14.3%），其中增加的无机磷以 Ca-P（33.0%）为主。灰化苔草的腐烂分解使得局部土壤氧化还原电位降低，土壤的还原能力大大增强，土壤中铁的价态降低，溶解度增加，使吸附在上面的磷也随之溶出。因此，在土壤含水量与植物分解的共同作用下，0～2cm 和 2～5cm 深度湿地土壤 Fe/Al-P 的含量均呈现不同程度的降低趋势，降低幅度最大达 28.7%，远高于土壤含水量单一因素作用下的降低幅度。在添加灰化苔草碎末处理下，0～2cm 深度湿地土壤有机磷含量较初始值下降了 9%～15%，远高于未添加灰化苔草碎末组。在水分充足的条件下，植物分解可为土壤微生物提供有利环境，提高了土壤有机磷的矿化速率。从有机磷形态变化来看，含水量变化使土壤二酯/单酯及二酯/焦磷酸盐均呈增加趋势，特别是二酯/焦磷酸盐增加最为明显。如果借助磷在水生态系统中转化的概念模型（Shinohara et al.，2012），那么这要归功于微生物作用改变了湿地土壤二酯的含量，影响到湿地土壤磷的转化。

9.6 本章小结

本章通过野外采样和室内模拟实验相结合，借助 SMT 方法和 ^{31}P-NMR 技术，研究了在土壤水含量及其与优势植物（灰化苔草）分解作用下，湿地土壤磷含量和形态的变化特征，主要得到以下结论：

（1）在土壤含水量单一因素作用下，不同处理条件下鄱阳湖 0～

2cm 深度土壤总磷、无机磷及 Ca-P 含量均呈不同程度的降低趋势，且均以干湿交替处理下降低幅度为最大，分别为 6.3%、9.2% 和 15.2%；0~2cm 深度土壤层的 Fe/Al-P 含量虽呈降低趋势，但干湿交替与露干处理下 Fe/Al-P 下降幅度相似，明显低于其他培养组，这表明土壤含水量的频繁交替变化能加速土壤磷的释放，且释放的磷以 Ca-P 为主。0~2cm 深度土壤层的有机磷含量变化不明显。

（2）在土壤含水量和植物分解的共同作用下，灰化苔草碎末处理下 2~5cm 深度土层中总磷、无机磷、Ca-P 和有机磷含量均呈明显增加趋势，干湿交替环境下增加幅度最大，且土壤中二酯/单酯及二酯/焦磷酸盐也均呈增加趋势，以二酯/焦磷酸盐增加最为明显，这表明土壤含水量的快速变化能够提高植物腐烂分解速率，促进植物体内磷的释放；同时，湿地植物分解通过改变微环境来提高土壤 Fe/Al-P 的释放量，导致土壤 Fe/Al-P 含量降低。

参考文献

[1] Bouma T, Nielsen L, Van H J, et al. Root system topology and diameter distribution of species from habitats differing in inundation frequency [J]. Functional Ecology, 2001, 15 (3): 360–369.

[2] Deegan B M, White S D, Ganf G G. The influence of water level fluctuations on the growth of four emergent macrophyte species [J]. Aquatic Botany, 2007, 86: 309–315.

[3] Jiao C C, Zhou D M. Modelling the spatial distribution of Carex pseudocuraica in a freshwater marsh, Northeast China [J]. Wetlands, 2014, 34: 267–276.

[4] Keddy P A, Reznicek A A. Great lakes vegetation dynamics: The role of fluctuating water levels and buried seeds [J]. Journal of Great Lakes Research, 1986, 12: 26–36.

[5] Lentz K A, Dunson W A. Water level affects growth of endangered northeastern bulrushScirpus ancistrochaetus Schuyler [J]. Aquatic Botany, 1998, 60: 213–219.

[6] Raulings E J, Morris K, Roache M C, et al. The importance of water regimes operating at small spatial scales for the diversity and structure of wetland vegetation [J]. Freshwater Biology, 2010, 55 (3): 701–715.

[7] Sorrell B K, Mendelssohn I A, McKee K L, et al. Ecophysiology

of wetland plant roots: A modelling comparison of aeration in relation to species distribution [J]. Annals of Botany, 2000, 86 (3): 675-685.

[8] Toner M, Keddy P. River hydrology and riparian wetlands: A predictive model for ecological assembly [J]. Ecological Applications, 1997, 7: 236-246.

[9] Visser E J, Blom C W, Voesenek L A. Flooding-induced adventitious rooting in Rumex; morphology and development in an ecological perspective [J]. Acta Botanica Neerlandica, 1996, 45 (1): 17-28.

[10] Ward R D, Burnside N G, Joyce C B, et al. Improved modelling of the impacts of sea level rise on coastal wetland plant communities [J]. Hydrobiologia, 2016, 774 (1): 203-216.

[11] Bacon P E, Stone C, Binns D L, et al. Relationships between water availability and Eucalyptus camaldtdensis growth in a riparian forest [J]. Journal of Hydrology, 1993, 150: 541-561.

[12] Beauchamp V B, Stromberg J C. Flow regulation of the Verde River, Arizona encourages Tamarix recruitment but has minimal effect on Populus and Salix stand density [J]. Wetlands, 2007, 27 (2): 381-389.

[13] Bornman T G, Adams J B, Bate G C. Environmental factors controlling the vegetation zonation patterns and distribution of vegetation types in the Olifants Estuary, South Africa [J]. South African Journal of Botany, 2008, 74 (4): 685-695.

[14] Dai X, Wan R R, Yang G S, et al. Responses of wetland vegetation in Poyang Lake, China to water-level fluctuations [J]. Hydrobiologia, 2016 (773): 35-47.

[15] Dai X, Wan R R, Yang G S. Non-stationary water-level fluctuation in China's Poyang Lake and its interactions with Yangtze River [J]. Jour-

nal of Geographical Sciences, 2015, 25 (3): 274-288.

[16] Baird A J, Wilby R L, et al. Ecohydrology: Plants and water in terrestrial and aquatic environments [M]. London: Routledge, 1999: 127-180.

[17] Coops H, Vulink J T, Nes EHV. Managed water levels and the expansion of emergent vegetation along a lakeshore [J]. Limnologica-Ecology and Management of Inland Waters, 2004, 34 (1/2): 57-64.

[18] Deegan B W, White S D, Ganf G G. The influence of water level fluctuations on the growth of four emergent macrophyte species [J]. Aquatic Botany, 2007, 86 (4): 309-315.

[19] Dwire K A, Kauffman J B, Baham J E. Plant species distribution in relation to water-table depth and soil redox potential in montane riparian meadows [J]. Wetlands, 2006, 26 (1): 131-146.

[20] Fraser L H, Karnezis J P. A comparative assessment of seedling survival and biomass accumulation for fourteen wetland plant species grown under minor water-depth differences [J]. Wetlands, 2005, 25 (3): 520-530.

[21] Keddy P A, Ellis T H. Seedling recruitment of 11 wetland plant species along a water level gradient: Shared or distinct responses? [J]. Canadian Journal of Botany, 1995, 63: 1876-1879.

[22] Manzur M E, Grimoldi A A, Insausti P, et al. Escape from water or remain quiescent? Lotustenuis changes its strategy depending on depth of submergence [J]. Annals of Botany, 2009, 104 (6): 1163-1169.

[23] Parolin P. Submergence tolerance vs escape from submergence: Two strategies of seedling establishment in Amazonian floodplains [J]. Environmental and Experimental Botany, 2002, 48 (2): 177-186.

[24] Scholte P. Maximum flood depth characterizes above-ground bio-

mass in African seasonally shallowly flooded grasslands [J]. Journal of Tropical Ecology, 2007, 23 (1): 63-72.

[25] Van Geest G J, Coops H, Roijackers R M M, et al. Succession of aquatic vegetation driven by reduced water-level fluctuations in floodplain lakes [J]. Journal of Applied Ecology, 2005, 42 (2): 251-260.

[26] Wheeler B D. Water and plants in freshwater wetlands [M]. London: Taylor&Francis Inc. , 1999.

[27] Zhang L L, Yin J X, Jiang Y Z, et al. Relationship between the hydrological conditions and the distribution of vegetation communities within the Poyang Lake national nature reserve, China [J]. Ecological Informatics, 2012, 11: 65-75.

[28] Brix H, Sorrell B K, Lorenzen B. Are Phragmites-dominated wetlands a net sink of greenhouse gases? [J]. Aquatic Botany, 2001, 69: 313-324.

[29] Daniel P R, Stavroula S, Gary P, et al. Patterns of canopy-air CO_2 concentration in a brackish wetland: analysis of a decade of measurements and the simulated effects on the vegetation [J]. Agricultural and Forest Meteorology, 2002, 114: 59-73.

[30] IPCC. Climate Change 2001 [M]. Cambridge University Press, 2001.

[31] Joiner D W, Lafleur P M, McCaughey J H, et al. Interannual variability in carbon dioxide exchanges at a boreal wetland in the BOREAS northern study area [J]. Journal of Geophysical Research: Atmospheres, 1999 (104): 27663-27672.

[32] Liu Y, Wang L, Liu H, et al. Comparison of carbon sequestration

ability and effect of elevation in fenced wetland plant communities of the Xilin River floodplains: A model case study [J]. River Research & Application, 2015, 31 (7): 858-866.

[33] Mitsch W J, Gosselink J G. Wetlands (5th Edition) [M]. Hoboken (NJ): John Wiley & Sons, 2015.

[34] Cole C A. The assessment of herbaceous plant cover in wetlands as an indicator of function [J]. Ecological Indicators, 2002, 2 (3): 287-293.

[35] Güsewell S, Koerselman W. Variation in nitrogen and phosphorusconcentrations of wetland plants [J]. Perspectives in Plant Ecology, Evolution and Systematics, 2002, 5 (1): 37-61.

[36] Koerselman W, Meuleman A F. The vegetation N : P ratio: A new tool to detect the nature of nutrient limitation [J]. Journal of Applied Ecology, 1996, 33 (6): 1441-1450.

[37] Li F, Hu J Y, Xie Y H, et al. Foliar stoichiometry of carbon, nitrogen, and phosphorus in wetland sedgeCarex brevicuspis along a small-scale elevation gradient [J]. Ecological Indicators, 2018, 92: 322-329.

[38] Mitsch W J, Gosselink J G. Wetlands [M]. New York: John Wiley and Sons, 2000.

[39] Rubio G, Lavado R S. Acquisition and allocation of resources in two waterlogging-tolerant grasses [J]. New Phytologist, 1999, 143 (3): 539-546.

[40] Venterink H O, Pieterse N M, Belgers J D M, et al. N, P, and K budgetsalong nutrient availability and productivity gradients in wetlands [J]. Ecological Applications, 2002, 12 (4): 1010-1026.

[41] Wang Y, Liu J S, Dou J X, et al. Seasonal characteristics of

Carex lasiocarpa biomass and nutrient accumulation in the typical wetland of Sanjiang Plain, China [J]. Journal of Forestry Research, 2010, 21 (3): 389-393.

[42] Xu X L, Zhang Q, Tan Z Q, et al. Effects of water-table depth and soil moisture on plant biomass, diversity, and distribution at a seasonally flooded wetland of Poyang Lake, China [J]. Chinese Geographical Science, 2015, 25 (6): 739-756.

[43] Gao J Q, Xiong Z T, Zhang J D, et al. Phosphorus removal from water of eutrophic Lake Donghu by five submerged macrophytes [J]. Desalination, 2009, 242 (1/3): 193-204.

[44] Mark J M, Peter J L, Yang L Y, et al. Nitrogen dynamics and microbial food web structure during a summer cyanobacterial bloom in a subtropical shallow, well-mixed, eutrophic lake (Lake Taihu, China) [J]. Hydrobiologia, 2007, 581 (1): 195-207.

[45] Zhu G B, Wang S Y, Wang W D, et al. Hotspots of anaerobic ammonium oxidation at land-fresh water interfaces [J]. Nature Geoscience, 2013, 6 (2): 103-107.

[46] Leira M, Cantonati M. Effects of water-level fluctuations on lakes: An annotated bibliography [J]. Hydrbiologia, 2008, 613: 171-184.

[47] Ruban V, López-Sánchez J F, Pardo P, et al. Selection and evaluation of sequential extraction procedures for the determination of phosphorus forms in lake sediment [J]. Journal of Environment Monitoring, 1999, 1: 51-56.

[48] Shinohara R, Imai A, Kawasaki N, et al. Biogenic phosphorus compounds in sediment and suspended particles in a shallow eutrophic lake:

A 31P-Nuclear magnetic resonance (31P NMR) study [J]. Environment Science & Technology, 2012, 46: 10572-10578.

[49] Turner B L, Mahieu N, Condron L M. Phosphorus-31 nuclear magnetic resonance spectral assignments of phosphorus compounds in soil NaOH-EDTA extracts [J]. Soil Science Society of America Journal, 2003, 67 (2): 497-510.

[50] Wang S R, Yi W L, Yang S W. Effects of light fraction organic matter removal on phosphate adsorption by lake sediments [J]. Applied Geochemistry, 2011, 26: 286-292.

[51] Wetzel R G. The phosphorus cycle [M]. In: Limnology, Lake and River Ecosystem; Ed, Wetzel R G. Academic Press, California, 2001.

[52] Zhong J C, Fan C X, Zhang L, et al. The significance of dredging on sediment denitrification in meiliang bay, China: A year long simulation study [J]. Journal of Environmental Sciences, 2010, 22 (1): 68-75.

[53] 白秀玲，周云凯，李斌，等．利用31P核磁共振技术优化太湖沉积物有机磷的化学提取方法 [J]. 环境科学学报，2011，31 (5)：996-1003.

[54] 白军红，欧阳华，崔保山，等．近40年来若尔盖高原高寒湿地景观格局变化 [J]. 生态学报，2008，28 (5)：2245-2252.

[55] 柏祥，陈开宁，古小治，等．水深梯度对荆三棱 (Scirpus yagara) 生长的影响 [J]. 应用与环境生物学报，2011，17 (1)：34-38.

[56] 查东平，冯明雷，陈宏文，等．鄱阳湖典型湿地植被景观格局的时空变化分析 [J]. 水生态学杂志，2015，36 (5)：1-7.

[57] 崔保山，贺强，赵欣胜．水盐梯度下翅碱蓬 (Suaeda salsa) 的生态阈值 [J]. 生态学报，2008，28 (4)：1408-1418.

［58］崔丽娟．三江平原沼泽生态系统水量平衡——以别拉洪河流域为例［J］．地理科学，1994，14（4）：384-386.

［59］崔巍，李伟，张曼胤，等．湿地土壤生态功能研究概述［J］．中国农学通报，2011，27（20）：203-207.

［60］高富．生态水文学的学科研究动态及在中国的发展方向［J］．西部林业科学，2009，38（4）：104-108.

［61］葛刚，陈少风．鄱阳湖湿地植物［M］．北京：科学出版社，2015.

［62］郭雪莲，吕宪国，戴国华．三江平原不同水位梯度湿地地上生物量动态特征［J］．生态环境，2008，17（5）：1739-1742.

［63］韩敏，孙燕楠，许士国，等．基于 RS、GIS 技术的扎龙沼泽湿地景观格局变化分析［J］．地理科学进展，2005，24（6）：42-50.

［64］胡振鹏，葛刚，刘成林，等．鄱阳湖湿地植物生态系统结构及湖水位对其影响研究［J］．长江流域资源与环境，2010，19（6）：597-605.

［65］胡振鹏，林玉茹．鄱阳湖水生植被 30 年演变及其驱动因素分析［J］．长江流域资源与环境，2019，28（8）：1947-1956.

［66］黄进良．洞庭湖湿地面积变化和演替［J］．地理研究，1999，9（3）：297-304.

［67］姜加虎，黄群．三峡工程对鄱阳湖水位影响研究［J］．自然资源学报，1997，12（3）：219-224.

［68］赖锡军，姜加虎，黄群．三峡水库调节典型时段对洞庭湖湿地水情特征的影响［J］．长江流域资源与环境，2011，20（2）：167-172.

［69］李锋，谢永宏，陈心胜，等．三峡工程运行对洞庭湖湿地植被格局的影响及调控机制［J］．农业现代化研究，2018，29（6）：937-944.

［70］李红丽，智颖飙，雷光春，等．不同水位梯度下克隆植物大

米草的生长繁殖特性和生物量分配格局［J］. 生态学报，2009，29（7）：3525-3531.

［71］李亚芳，陈心胜，项文化，等．不同高程短尖苔草对水位变化的生长及繁殖响应［J］. 生态学报，2016，36（7）：1959-1966.

［72］厉恩华，王学雷，蔡晓斌，等．洱海湖滨带植被特征及其影响因素分析［J］. 湖泊科学，2011，23（5）：738-746.

［73］刘永，郭怀成，周丰，等．湖泊水位变动对水生植被的影响机理及其调控方法［J］. 生态学报，2006，26（9）：3117-3126.

［74］罗文泊，谢永宏，宋凤斌．洪水条件下湿地植物的生存策略［J］. 生态学杂志，2007，26（9）：1478-1485.

［75］罗文泊．三江平原沼泽植物带状分布格局的成因［D］. 中国科学院东北地理与农业生态研究所，2008.

［76］谭志强，张奇，李云良，等．鄱阳湖湿地典型植物群落沿高程分布特征［J］. 湿地科学，2016，14（4）：506-515.

［77］田迅，卜兆君，杨允菲，等．松嫩平原湿地植被对生境干—湿交替的响应［J］. 湿地科学，2004，2（2）：122-127.

［78］田迅，卜兆君．莫莫格湿地干-湿界面优势植物种群动态分析［J］. 四川草原，2004（11）：11-13.

［79］王海洋，陈家宽，周进．水位梯度对湿地植物生长、繁殖和生物量分配的影响［J］. 植物生态学报，1999，23（3）：269-274.

［80］王红丽，李艳丽，张文佺，等．湿地土壤在湿地环境功能中的角色与作用［J］. 环境科学与技术，2008，31（9）：62-66，128.

［81］王丽，宋长春，胡金明，等．不同时期毛苔草对不同水文情势的生长响应研究［J］. 草业学报，2009，18（1）：17-24.

［82］王雪宏，佟守正，吕宪国．半干旱区湿地芦苇种群生态特征动态

变化研究——以莫莫格湿地为例［J］. 湿地科学，2008，6（3）：386-391.

［83］吴春笃，孟宪民，储金宇，等．北固山湿地水文情势与湿地植被的关系［J］. 江苏大学学报（自然科学版），2005，26（4）：331-335.

［84］吴桂平，叶春，刘元波．鄱阳湖自然保护区湿地植被生物量空间分布规律［J］. 生态学报，2015，35（2）：361-369.

［85］夏军，丰华丽，谈戈，等．生态水文学——概念、框架和体系［J］. 灌溉排水学报，2003，22（1）：4-10.

［86］夏军，张永勇，穆兴民，等．中国生态水文学发展趋势与重点方向［J］. 地理学报，2020，75（3）：445-457.

［87］夏军，左其亭，韩春辉．生态水文学学科体系及学科发展战略［J］. 地球科学进展，2018，33（7）：665-674.

［88］谢冬明，黄庆华，易青，等．鄱阳湖湿地洲滩植物梯度变化［J］. 生态学报，2019，39（11）：4070-4079.

［89］徐金英，陈海梅，王晓龙．水深对湿地植物生长和繁殖影响研究进展［J］. 湿地科学，2016，14（5）：725-732.

［90］徐力刚，赖锡军，王荣荣，等．湿地水文过程与植被响应研究进展与案例分析［J］. 地理科学进展，2019，38（8）：1171-1181.

［91］许秀丽，李云良，谭志强，等．鄱阳湖湿地典型中生植物水分利用来源的同位素示踪［J］. 湖泊科学，2020，32（6）：1749-1760.

［92］许秀丽，张奇，李云良，等．鄱阳湖洲滩芦苇种群特征及其与淹水深度和地下水埋深的关系［J］. 湿地科学，2014，12（6）：714-722.

［93］严思睿，刘强，孙涛，等．湿地生态水文过程及其模拟研究进展［J］. 湿地科学，2021，19（1）：98-105.

［94］杨帆，章光新，尹雄锐，等．退化盐沼湿地盐碱化空间变异与芦苇群落演变关系研究［J］. 生态学报，2009，29（10）：5291-5298.

［95］杨娇，厉恩华，蔡晓斌，等．湿地植物对水位变化的响应研究进展［J］．湿地科学，2014，12（6）：807-813.

［96］姚成，万树文，孙东林，等．盐城自然保护区海滨湿地植被演替的生态机制［J］．生态学报，2009，29（5）：2203-2210.

［97］于文颖，周广胜，迟道才，等．湿地生态水文过程研究进展［J］．节水灌溉，2007（1）：19-23.

［98］张志永，潘晓洁，郑志伟，等．三峡水库运行对汉丰湖湿地植物群落及生境的影响［J］．水生态学杂志，2014，35（5）：1-7.

［99］章光新，武瑶，吴燕锋，等．湿地生态水文学研究综述［J］．水科学进展，2018，29（5）：737-749.

［100］章光新，张蕾，冯夏清，等．湿地生态水文与水资源管理［M］．北京：科学出版社，2014.

［101］章光新．水文情势与盐分变化对湿地植被的影响研究综述［J］．生态学报，2012，32（13）：4254-4260.

［102］赵志轩．白洋淀湿地生态水文过程耦合作用机制及综合调控研究［D］．天津：天津大学，2012.

［103］周静，万荣荣，吴兴华，等．洞庭湖湿地植被长期格局变化（1987—2016年）及其对水文过程的响应［J］．湖泊科学，2020，32（6）：1723-1735.

［104］朱海虹，张本．鄱阳湖［M］．合肥：中国科学技术大学出版社，1997.

［105］曾南京，文思标．鄱阳湖湿地保护与合理利用［J］．江西林业科技，2008，（6）：48-51.

［106］陈格君．鄱阳湖湿地土壤碳、氮分布特征及其来源分析［D］．南昌：东华理工大学，2013.

［107］陈炼钢，陈黎明，贾建伟，等．鄱阳湖枯季水位变化对越冬水鸟生境面积的定量影响［J］．水利学报，2019，50（12）：1502-1509.

［108］陈晓玲，张媛，张琍，等．丰水期鄱阳湖水体中氮、磷含量分布特征［J］．湖泊科学，2013，25（5）：643-648.

［109］陈正兴．鄱阳湖湿地灰化苔草主要功能性状特征［D］．南昌江西师范大学，2019.

［110］程时长，卢兵．鄱阳湖湿地特征及生态资源［J］．江西水利科技，2002，28（4）：249-251+255.

［111］胡春华，周文斌，王毛兰，等．鄱阳湖氮磷营养盐变化特征及潜在性富营养化评价［J］．湖泊科学，2010，22（5）：723-728.

［112］胡振鹏，葛刚，刘成林．鄱阳湖湿地植被退化原因分析及其预警［J］．长江流域资源与环境，2015，24（3）：381-386.

［113］黄金国，郭志永．鄱阳湖湿地生物多样性及其保护对策［J］．水土保持研究，2007，14（1）：305-306.

［114］黄晓平，龚雁．鄱阳湖渔业资源现状与养护对策研究［J］．江西水产科技，2007（4）：2-6.

［115］李鸣，刘琪璟．鄱阳湖水体和底泥重金属污染特征与评价［J］．南昌大学学报（理科版），2010，34（5）：486-489+494.

［116］李文明，杨忠芳，周雷，等．鄱阳湖水系重金属元素地球化学特征及入湖通量［J］．现代地质，2014，28（3）：512-522+536.

［117］李诒路．鄱阳湖水位变化对水质的影响研究［D］．南昌：南昌大学，2015.

［118］梁玉，卢萍，张晓星，等．鄱阳湖湿地存在的问题及对策［J］．山东林业科技，2011（5）：91-92.

［119］廖奇志，谈昌莉，张仲伟．鄱阳湖湿地保护和修复措施研究

[J]. 人民长江，2009，40（19）：15-17+104.

[120] 刘成林，谭胤静，林联盛，等. 鄱阳湖水位变化对候鸟栖息地的影响 [J]. 湖泊科学，2011，23（1）：129-135.

[121] 刘惠英，王永文，关兴中. 鄱阳湖湿地适宜生态需水位研究——以星子站水位为例 [J]. 南昌工程学院学报，2012，31（3）：46-50.

[122] 刘娟，傅勇. 鄱阳湖湿地资源现状及保护对策 [C]. 中国水处理技术研讨会暨年会，2009.

[123] 刘倩纯，余潮，张杰，等. 鄱阳湖水体水质变化特征分析 [J]. 农业环境科学学报，2013，32（6）：1232-1237.

[124] 刘亚军，刘欣，牟晓真，等. 大型浅水湖泊鄱阳湖湿地微生物的研究现状 [J]. 微生物学通，2019，46（12）：3453-3460.

[125] 刘志刚，倪兆奎. 鄱阳湖发展演变及江湖关系变化影响 [J]. 环境科学学报，2015，35（5）：1265-1273.

[126] 马逸麟，熊彩云，易文萍. 鄱阳湖泥沙淤积特征及发展趋势 [J]. 资源调查与环境，2003，24（1）：29-37.

[127] 孟元可. 鄱阳湖湿地植被 NPP 时空变化及驱动因子分析 [D]. 重庆：西南大学，2018.

[128] 王毛兰，周文斌，胡春华. 鄱阳湖区水体氮、磷污染状况分析 [J]. 湖泊科学，2008，20（3）：334-338.

[129] 王容，李相虎，薛晨阳，等. 1960—2012 年鄱阳湖流域旱涝急转事件时空演变特征 [J]. 湖泊科学，2020，32（1）：207-222.

[130] 王圣瑞，舒俭民，倪兆奎，等. 鄱阳湖水污染现状调查及防治对策 [J]. 环境工程技术学报，2013，3（4）：342-349.

[131] 夏少霞，于秀波，刘宇，等. 鄱阳湖湿地现状问题与未来趋

势［J］．长江流域资源与环境，2016，25（7）：1103-1111.

［132］肖复明，张学玲，蔡海生．鄱阳湖湿地景观格局时空演变分析［J］．人民长江，2010，41（19）：56-59.

［133］余进祥，刘娅菲，钟小兰．鄱阳湖水环境承载力及主要污染源研究［J］．江西农业学报，2009，21（3）：90-93+106.

［134］詹春森，朱奇，刘观华，等．鄱阳湖湿地现状及恢复与保育对策［J］．湿地科学与管理，2013，9（3）：39-42.

［135］张本．鄱阳湖研究［M］．上海：上海科技出版社，1988.

［136］张堂林，李钟杰．鄱阳湖鱼类资源及渔业利用［J］．湖泊科学，2007，19（4）：434-444.

［137］钟业喜，刘影．鄱阳湖区生态环境问题及治理对策［J］．重庆环境科学，2003，25（11）：93-94+101.

［138］周方鑫，赵安．鄱阳湖退田还湖区资源再利用研究［J］．上饶师范学院学报（自然科学版），2005，25（3）：100-104.

［139］陈炼钢，陈黎明，徐祎凡，等．水位变化对鄱阳湖苦草潜在生境面积的影响［J］．水科学进展，2020，31（3）：377-384.

［140］张永飞．鄱阳湖秋季枯水成因初探［J］．中国水运，2016，16（3）：132-133.

［141］戴雪，万荣荣，杨桂山，等．鄱阳湖水文节律变化及其与江湖水量交换的关系［J］．地理科学，2014，34（12）：1488-1496.

［142］郭华，张奇，王艳君．鄱阳湖流域水文变化特征成因及旱涝规律［J］．地理学报，2012，67（5）：699-709.

［143］郭小芹，刘明春，钱莉，等．从Mann-kendall特征看石羊河流域降水量的演变规律［J］．干旱区地理，2010，33（4）：594-599.

［144］郭振天，黄峰，郭利丹，等．鄱阳湖水位时空演变驱动因子

研究［J］．水力发电学报，2020，39（12）：25-36.

［145］胡振鹏，葛刚，刘成林，等．鄱阳湖湿地植物生态系统结构及湖水位对其影响研究［J］．长江流域资源与环境，2010，19（6）：597-605.

［146］康淑媛，张勃，柳景峰，等．基于 Mann-Kendall 法的张掖市降水量时空分布规律分析［J］．资源科学，2009，31（3）：501-508.

［147］李鹏，封志明，姜鲁光，等．鄱阳湖天然湖面遥感监测及其与水位关系研究［J］．自然资源学报，2013，28（9）：1556-1568.

［148］刘剑宇，张强，孙鹏，等．鄱阳湖最小生态需水研究［J］．中山大学学报（自然科学版），2014，53（4）：149-153.

［149］陆志华，夏自强，于岚岚，等．近 51 年松花江流域气温时空变化特征［J］．河海大学学报（自然科学版），2012，40（6）：629-635.

［150］闵骞，占腊生．1952—2011 年鄱阳湖枯水变化分析［J］．湖泊科学，2012，24（5）：675-678.

［151］齐述华，张起明，江丰，等．水位对鄱阳湖湿地越冬候鸟生境景观格局的影响研究［J］．自然资源学报，2014，29（8）：1345-1355.

［152］时翠，陈晓宏，张强．近几十年来珠江三角洲 1 月和 7 月水位变异分析［J］．热带地理，2012，32（3）：233-240.

［153］谢冬明，郑鹏，邓红兵，等．鄱阳湖湿地水位变化的景观响应［J］．生态学报，2011，31（5）：1269-1276.

［154］叶春，刘元波，赵晓松，等．基于 MODIS 的鄱阳湖湿地植被变化及其对水位的响应研究［J］．长江流域资源与环境，2013，22（6）：705-712.

［155］于延胜，陈兴伟．基于 Mann-kendall 法的水文序列趋势成分比重研究［J］．自然资源学报，2011，26（9）：1585-1591.

［156］白军红，欧阳华，杨志峰，等．湿地景观格局变化研究进展

[J]. 地理科学进展，2005，24（4）：36-45.

[157] 曹庆，黄森开，黄彬彬，等. 水文过程对湖滨带景观格局影响研究进展 [J]. 人民珠江，2014，35（3）：82-86.

[158] 戴雪，万荣荣，杨桂山，等. 鄱阳湖水文节律变化及其与江湖水量交换的关系 [J]. 地理科学，2014，24（12）：1488-1496.

[159] 葛刚，赵安娜，钟义勇，等. 鄱阳湖洲滩优势植物种群的分布格局 [J]. 湿地科学，2011，9（1）：19-25.

[160] 宫兆宁，张翼然，宫辉力，等. 北京湿地景观格局演变特征与驱动机制分析 [J]. 地理学报，2011，66（1）：77-88.

[161] 胡振鹏，葛刚，刘成林，等. 鄱阳湖湿地植物生态系统结构及湖水位对其影响研究 [J]. 长江流域资源与环境，2010，19（6）：597-605.

[162] 胡振鹏，葛刚，刘成林. 鄱阳湖湿地植被退化原因分析及其预警 [J]. 长江流域资源与环境，2015，24（3）：381-386.

[163] 黄群，姜加虎，赖锡军，等. 洞庭湖湿地景观格局变化以及三峡工程蓄水对其影响 [J]. 长江流域资源与环境，2013，22（7）：923-927.

[164] 黄奕龙，傅伯杰，陈利顶. 生态水文过程研究进展 [J]. 生态学报，2003，23（3）：580-587.

[165] 黎聪，李晓文，郑钰，等. 衡水湖国家级自然保护区湿地景观格局演变分析 [J]. 资源科学，2008，30（10）：1571-1578.

[166] 李胜男，王根绪，邓伟. 湿地景观格局与水文过程研究进展 [J]. 生态学杂志，2008，27（6）：1012-1020.

[167] 李旭，谢永宏，黄继山，等. 湿地植被格局成因研究进展 [J]. 湿地科学，2009，7（3）：280-288.

[168] 刘肖利，丁明军，李贵才，等. 鄱阳湖湿地植物群落沿高程梯度变化特征研究 [J]. 人民长江，2013，44（5）：82-86.

[169] 刘旭颖，关燕宁，郭杉，等. 基于时间序列谐波分析的鄱阳湖湿地植被分布与水位变化响应 [J]. 湖泊科学，2016，28 (1)：195-206.

[170] 乔伟峰，盛业华，方斌，等. 基于转移矩阵的高度城市化区域土地利用演变信息挖掘——以江苏省苏州市为例 [J]. 地理研究，2013，32 (8)：1497-1507.

[171] 吴建东，刘观华，金杰峰，等. 鄱阳湖秋季洲滩植物种类结构分析 [J]. 江西科学，2010，28 (4)：549-554.

[172] 吴琴，尧波，朱丽丽，等. 鄱阳湖典型苔草湿地生物量季节变化及固碳功能评价 [J]. 长江流域资源与环境，2012，21 (2)：215-219.

[173] 姚鑫，杨桂山，万荣荣，等. 水位变化对河流、湖泊湿地植被的影响 [J]. 湖泊科学，2014，26 (6)：813-821.

[174] 游海林，徐力刚，刘桂林，等. 鄱阳湖湿地景观类型变化趋势及其对水位变动的响应 [J]. 生态学杂志，2016，35 (9)：2487-2493.

[175] 余莉，何隆华，张奇，等. 基于 Landsat-TM 影像的鄱阳湖典型湿地动态变化研究 [J]. 遥感信息，2010 (6)：48-52.

[176] 张丽丽，殷峻暹，蒋云钟，等. 鄱阳湖自然保护区湿地植被群落与水文情势关系 [J]. 水科学进展，2012，23 (6)：769-776.

[177] 张萌，倪乐意，徐军，等. 鄱阳湖草滩湿地植物群落响应水位变化的周年动态特征分析 [J]. 环境科学研究，2013，26 (10)：1057-1063.

[178] 张全军，于秀波，胡斌华. 鄱阳湖南矶湿地植物群落分布特征研究 [J]. 资源科学，2013，35 (1)：42-49.

[179] 曾光明，龙勇，梁婕，等. 基于 3S 技术的东洞庭湖湿地植被的分布与适应性分析 [J]. 湖南大学学报（自然科学版），2013，40 (5)：86-91.

［180］戴雪，万荣荣，杨桂山，等．鄱阳湖水文节律变化及其与江湖水量交换的关系［J］．地理科学，2014，34（12）：1488-1496.

［181］邓春暖，章光新，潘响亮．不同淹水周期对芦苇光合生理的影响机理［J］．云南农业大学学报，2012，7（5）：640-645.

［182］贺强，崔保山，赵欣胜，等．水盐梯度下黄河三角洲湿地植被空间分异规律的定量分析［J］．湿地科学，2007，5（3）：208-214.

［183］洪明，郭泉水，聂必红，等．三峡库区消落带狗牙根种群对水陆生境变化的响应［J］．应用生态学报，2011，22（11）：2829-2835.

［184］胡佳宇，谢永宏，李峰，等．东洞庭湖丁字堤苔草群落特征及其影响因子［J］．应用生态学报，2014，25（3）：745-751.

［185］胡振鹏，葛刚，刘成林，等．鄱阳湖湿地植物生态系统结构及湖水位对其影响研究［J］．长江流域资源与环境，2010，19（6）：597-605.

［186］胡振鹏，葛刚，刘成林．鄱阳湖湿地植被退化原因分析及其预警［J］．长江流域资源与环境，2015，24（3）：381-386.

［187］雷璇，杨波，蒋卫国，等．东洞庭湿地植被格局变化及其影响因素［J］．地理研究，2012，31（3）：461-470.

［188］李秋华，刘送平，支崇远，等．三种水库消落带草本植物对完全水淹的适应机制研究［J］．热带亚热带植物学报，2013，21（5）：459-465.

［189］李胜男，王根绪，邓伟．湿地景观格局与水文过程研究进展［J］．生态学杂志，2008，7（6）：1012-1020.

［190］李威，何亮，朱天顺，等．洱海苦草（Vallisnerianatans）水深分布和叶片 C、N、P 化学计量学对不同水深的响应［J］．湖泊科学，2014，26（4）：585-592.

［191］李旭，谢永宏，黄继山，等．湿地植被格局成因研究进展

[J]. 湿地科学，2009，7（3）：280-288.

[192] 李亚芳，陈心胜，项文化，等. 不同高程短尖苔草对水位变化的生长及繁殖响应 [J]. 生态学报，2016，36（7）：1959-1966.

[193] 廖小锋，龙秀琴，李安定，等. 草海湿地喜旱莲子草基于株高和盖度的水深生态幅研究 [J]. 浙江农林大学学报，2015，32（4）：643-647.

[194] 刘送平，李秋华，支崇远，等. 四种水库消落带植物对水淹环境的适应性研究 [J]. 生态科学，2013，32（4）：462-468.

[195] 刘肖利，丁明军，李贵才，等. 鄱阳湖湿地植物群落沿高程梯度变化特征研究 [J]. 人民长江，2013，44（5）：82-86.

[196] 栾金花，张乐，邹元春，等. 不同水分梯度下三江平原湿地漂筏苔草无性系株高生长特性 [J]. 湿地科学，2006，4（4）：258-263.

[197] 闵骞，占腊生. 1952—2011 年鄱阳湖枯水变化分析 [J]. 湖泊科学，2012，24（5）：675-678.

[198] 上官铁梁，贾志力，张红，等. 汾河河漫滩三种草本植物群落的生物量研究 [J]. 草业科学，2000，17（6）：39-45.

[199] 谭学界，赵欣胜. 水深梯度下湿地植被空间分布与生态适应 [J]. 生态学杂志，2006，25（12）：1460-1464.

[200] 谭志强，张奇，李云良，等. 鄱阳湖湿地典型植物群落沿高程分布特征 [J]. 湿地科学，2016，14（4）：506-515.

[201] 王根绪，钱鞠，程国栋. 生态水文科学研究的现状与展望 [J]. 地球科学进展，2001，16（3）：314-323.

[202] 王丽，胡金明，宋长青，等. 水分梯度对三江平原典型湿地植物小叶章地上生物量的影响 [J]. 草业学报，2008，17（4）：19-25.

[203] 王丽，宋长春，胡金明，等. 毛苔草地下构件对不同水文情势

和水文经历的生长响应［J］. 应用生态学报，2008，19（10）：2194–2200.

［204］吴春笃，孟宪民，储金宇，等. 北固山湿地水文情势与湿地植被的关系［J］. 江苏大学学报（自然科学版），2005，26（4）：331–335.

［205］吴晓东，王国祥，陈正勇，等. 水深梯度对黑藻生长的影响［J］. 生态与农村环境学报，2011，27（4）：40–45.

［206］徐治国，何岩，闫百兴，等. 营养物及水位变化对湿地植物的影响［J］. 生态学杂志，2006，25（1）：87–92.

［207］杨阳，曹昀，张素娟. 水分条件对灰化苔草根茎萌发及幼苗生长的影响［J］. 生态与农村环境学报，2015，31（2）：180–187.

［208］张丽丽，殷峻暹，蒋云钟，等. 鄱阳湖自然保护区湿地植被群落与水文情势关系［J］. 水科学进展，2012，23（6）：769–776.

［209］张萌，倪乐意，徐军，等. 鄱阳湖草滩湿地植物群落响应水位变化的周年动态特征分析［J］. 环境科学研究，2013，26（10）：1057–1063.

［210］张全军，于秀波，胡斌华. 鄱阳湖南矶湿地植物群落分布特征研究［J］. 资源科学，2013，35（1）：42–49.

［211］戴雪，万荣荣，杨桂山，等. 鄱阳湖水文节律变化及其与江湖水量交换的关系［J］. 地理科学，2014，34（12）：1488–1496.

［212］段晓男，王效科，尹弢，等. 湿地生态系统固碳潜力研究进展［J］. 生态环境学报，2006，15（5）：1091–1095.

［213］付硕章，柯文山，陈世俭. 洪湖湿地野菰群落储碳、固碳功能研究［J］. 湖北大学学报（自然科学版），2013，35（3）：393–396.

［214］何浩，潘耀忠，朱文泉，等. 中国陆地生态系统服务价值测量［J］. 应用生态学报，2005，16（6）：1122–1127.

［215］胡启武，幸瑞新，朱丽丽，等. 鄱阳湖苔草湿地非淹水期

CO_2 释放特征［J］. 应用生态学报，2011，22（6）：1431-1436.

［216］胡振鹏，葛刚，刘成林，等. 鄱阳湖湿地植物生态系统结构及湖水位对其影响研究［J］. 长江流域资源与环境，2010，19（6）：597-605.

［217］李博，刘存歧，王军霞，等. 白洋淀湿地典型植被芦苇储碳固碳功能研究［J］. 农业环境科学学报，2009，8（12）：2603-2607.

［218］李银鹏，季劲钧. 全球陆地生态系统与大气之间碳交换的模拟研究［J］. 地理学报，2001，56（4）：379-389.

［219］刘肖利，丁明军，李贵才，等. 鄱阳湖湿地植物群落沿高程梯度变化特征研究［J］. 人民长江，2013，44（5）：82-86.

［220］刘扬，施建敏，边子星，等. 鄱阳湖湿地灰化苔草群落物种多度分布格局沿水分梯度的变化［J］. 草业科学，2016，33（1）：19-26.

［221］吕铭志，盛连喜，张立. 中国典型湿地生态系统碳汇功能比较［J］. 湿地科学，2013，11（1）：114-120.

［222］梅雪英，张修峰. 崇明东滩湿地自然植被演替过程中储碳及固碳功能变化［J］. 应用生态学报，2007，18（4）：933-936.

［223］孟伟庆，吴绽蕾，王中良. 湿地生态系统碳汇与碳源过程的控制因子和临界条件［J］. 生态环境学报，2011，20（8-9）：1359-1366.

［224］潘宝宝，张金池，冯开宇，等. 洪泽湖典型水生植物群落碳储量［J］. 湿地科学，2014，12（4）：471-476.

［225］邵学新，李文华，吴明，等. 杭州湾潮滩湿地 3 种优势植物碳氮磷储量特征研究［J］. 环境科学，2013，34（9）：3451-3457.

［226］宋洪涛，崔丽娟，栾军伟，等. 湿地固碳功能与潜力［J］. 世界林业研究，2011，24（6）：6-11.

［227］索安宁，赵冬至，张丰收. 我国北方河口湿地植物储碳、固碳功能研究——以辽河三角洲盘锦地区为例［J］. 海洋学研究，2010，

28（3）：67–71.

［228］谭志强，张奇，李云良，等. 鄱阳湖湿地典型植物群落沿高程分布特征［J］. 湿地科学，2016，14（4）：506–515.

［229］王德宣. 若尔盖高原与三江平原沼泽湿地 CH_4 排放差异的主要环境影响因素［J］. 湿地科学，2003，1（1）：63–67.

［230］王丽，胡金明，宋长青，等. 水分梯度对三江平原典型湿地植物小叶章地上生物量的影响［J］. 草业学报，2008，17（4）：19–25.

［231］王淑琼，王瀚强，方燕，等. 崇明岛滨海湿地植物群落固碳能力［J］. 生态学杂志，2014，33（4）：915–921.

［232］吴琴，尧波，朱丽丽，等. 鄱阳湖典型苔草湿地生物量季节变化及固碳功能评价［J］. 长江流域资源与环境，2012，21（2）：215–219.

［233］杨平，仝川. LUCC 对湿地碳储量及碳排放的影响［J］. 湿地科学与管理，2011，7（3）：56–59.

［234］游海林，徐力刚，姜加虎，等. 鄱阳湖典型洲滩湿地植物根系生长对极端水情变化的响应［J］. 生态学杂志，2013，32（12）：3125–3130.

［235］张全军，于秀波，胡斌华. 鄱阳湖南矶湿地植物群落分布特征研究［J］. 资源科学，2013，35（1）：42–49.

［236］张绪良，张朝晖，徐宗军，等. 黄河三角洲滨海湿地植被的碳储量和固碳能力［J］. 安全与环境学报，2012，12（6）：145–149.

［237］曾从盛，张林海，仝川. 闽江河口湿地短叶茳芏氮、磷含量与积累量季节变化［J］. 生态学杂志，2009，28（5）：788–794.

［238］曾从盛，张林海，仝川. 闽江河口湿地芦苇和互花米草氮、磷养分季节动态［J］. 湿地科学，2009，7（1）：16–24.

［239］查东平，冯明雷，陈宏文，等. 鄱阳湖典型湿地植被景观格

局的时空变化分析［J］. 水生态学杂志，2015，36（5）：1-7.

［240］戴雪，万荣荣，杨桂山，等. 鄱阳湖水文节律变化及其与江湖水量交换的关系［J］. 地理科学，2014，34（12）：1488-1496.

［241］冯文娟，徐力刚，王晓龙，等. 鄱阳湖洲滩湿地地下水位对灰化苔草种群的影响［J］. 生态学报，2016，36（16）：5109-5115.

［242］付姗，吴琴，尧波，等. 南矶湿地土壤碳、氮、磷化学计量比沿水位梯度的分布［J］. 湿地科学，2015，13（3）：374-380.

［243］郭雪莲，吕宪国，郗敏. 植物在湿地养分循环中的作用［J］. 生态学杂志，2007，26（10）：1628-1633.

［244］郭雪莲，吕宪国. 三江平原湿地典型植物群落氮的积累与分配［J］. 生态环境学报，2012，21（1）：59-63.

［245］郝再彬，苍晶，徐仲. 植物生理实验［M］. 哈尔滨：哈尔滨工业大学出版社，2004.

［246］胡伟芳，章文龙，张林海，等. 中国主要湿地植被氮和磷生态化学计量学特征［J］. 植物生态学报，2014，38（10）：1041-1052.

［247］胡振鹏，葛刚，刘成林，等. 鄱阳湖湿地植物生态系统结构及湖水位对其影响研究［J］. 长江流域资源与环境，2010，19（6）：597-605.

［248］贾庆宇，周广胜，周莉，等. 湿地芦苇植株氮素分布动态特征分析［J］. 植物生态学报，2008，32（4）：858-864.

［249］简敏菲，徐鹏飞，余厚平，等. 乐安河——鄱阳湖湿地植物群落分布及其环境影响因子［J］. 环境科学研究，2015，28（3）：408-417.

［250］刘存歧，李昂，李博，等. 白洋淀湿地芦苇生物量及氮、磷储量动态特征［J］. 环境科学学报，2012，32（6）：1503-1511.

［251］刘肖利，丁明军，李贵才，等. 鄱阳湖湿地植物群落沿高程

梯度变化特征研究［J］. 人民长江，2013，44（5）：82-86.

［252］鲁静，周虹霞，田广宇，等. 洱海流域44种湿地植物的氮磷含量特征［J］. 生态学报，2011，31（3）：709-715.

［253］陆景陵. 植物营养学（上）（第三版）［M］. 北京：中国农业大学出版社，2003.

［254］吕晓龙. 鄱阳湖湿地灰化苔草——土壤系统氮磷变化特征研究［D］. 开封：河南大学，2014.

［255］聂兰琴，吴琴，尧波，等. 鄱阳湖湿地优势植物叶片—凋落物—土壤碳氮磷化学计量特征［J］. 生态学报，2016，36（7）：1898-1906.

［256］邵学新，李文华，吴明，等. 杭州湾潮滩湿地3种优势植物碳氮磷储量特征研究［J］. 环境科学，2013，34（9）：3451-3457.

［257］孙崇玉，刘景双，王洋，等. 三江平原湿地小叶章各器官主要营养元素特征［J］. 湿地科学，2011，9（2）：157-162.

［258］孙志高，刘景双，王金达，等. 三江平原不同群落小叶章种群生物量及氮、磷营养结构动态［J］. 应用生态学报，2006，17（2）：221-228.

［259］谭志强，张奇，李云良，等. 鄱阳湖湿地典型植物群落沿高程分布特征［J］. 湿地科学，2016，14（4）：506-515.

［260］王佳宁，晏维金，贾晓栋. 长江流域点源氮磷营养盐的排放、模型及预测［J］. 环境科学学报，2006，26（4）：658-666.

［261］王镜岩，朱圣庚，徐长法. 生物化学（上）［M］. 北京：高等教育出版社，2007.

［262］吴春笃，沈明霞，储金宇，等. 北固山湿地藕草氮磷积累和转移能力的研究［J］. 环境科学学报，2006，26（4）：674-678.

［263］ 吴春笃，石驰，沈明霞，等．北固山湿地植物对氮磷元素吸收能力的研究［J］．生态环境，2007，16（2）：369-372.

［264］ 吴琴．尧波，朱丽丽，等．鄱阳湖典型苔草湿地生物量季节变化及固碳功能评价［J］．长江流域资源与环境，2012，21（2）：215-219.

［265］ 熊汉锋，黄世宽，陈治平，等．梁子湖湿地植物的氮磷积累特征［J］．生态学杂志，2007，26（4）：466-470.

［266］ 徐治国，何岩，闫百兴，等．营养物及水位变化对湿地植物的影响［J］．生态学杂志，2006，25（1）：87-92.

［267］ 闫芊，何文珊，陆健健．崇明东滩湿地植被演替过程中生物量与氮含量的时空变化［J］．生态学杂志，2006，25（9）：1019-1023.

［268］ 游海林，徐力刚，姜加虎，等．鄱阳湖典型洲滩湿地植物根系生长对极端水情变化的响应［J］．生态学杂志，2013，32（12）：3125-3130.

［269］ 于帅，陈玮，何兴元，等．浑河河岸带六种草本植物氮、磷含量特征［J］．生态学杂志，2012，31（11）：2775-2780.

［270］ 张丽丽，殷峻暹，蒋云钟，等．鄱阳湖自然保护区湿地植被群落与水文情势关系［J］．水科学进展，2012，23（6）：768-775.

［271］ 张全军，于秀波，胡斌华．鄱阳湖南矶湿地植物群落分布特征研究［J］．资源科学，2013，35（1）：42-49.

［272］ 章文龙，曾从盛，张林海，等．闽江河口湿地植物氮磷吸收效率的季节变化［J］．应用生态学报，2009，20（6）：1317-1322.

［273］ 郑艳明，尧波，吴琴，等．鄱阳湖湿地两种优势植物叶片C、N、P 动态特征［J］．生态学报，2013，33（20）：6488-6496.

［274］ 陈晓玲，张媛，张琍，等．丰水期鄱阳湖水体中氮、磷含量分布特征［J］．湖泊科学，2013，25（5）：634-648.

［275］韩建刚，曹雪．典型滨海湿地干湿交替过程氮素动态的模拟研究［J］．环境科学，2013，34（6）：2383-2389.

［276］何宗健，吴志强，倪兆奎，等．江湖关系变化对鄱阳湖沉积物氨氮释放风险的影响［J］．中国环境科学，2014，34（5）：1277-1284.

［277］胡维，葛刚，熊勇，等．鄱阳湖南矶山湿地土壤养分的时空分布规律研究［J］．农业环境科学学报，2012，31（9）：1785-1790.

［278］简永兴，李仁东，王建波，等．鄱阳湖滩地水生植物多样性调查及滩地植被的遥感研究［J］．植物生态学报，2001，25（5）：581-587.

［279］栗方亮，李忠佩，刘明，等．氮素浓度和水分对水稻土硝化作用和微生物特性的影响［J］．中国生态农业学报，2012，20（9）：1113-1118.

［280］刘存歧，陆健健，李贺鹏．长江口潮滩湿地土壤酶活性的陆向变化以及与环境因子的相关性［J］．生态学报，2007，27（9）：3363-3369.

［281］刘德鸿，余居华，钟继承，等．太湖流域典型河网水体氮磷负荷及迁移特征［J］．中国环境科学，2016，36（1）：125-132.

［282］刘亚军，吴娟，邹锋，等．鄱阳湖湿地灰化薹草洲滩土壤微生物和酶特性对水分梯度的响应［J］．湿地科学，2017，15（2）：269-275.

［283］鲁如坤．土壤农业化学分析方法［M］．北京：中国农业科技出版社，2000.

［284］吕艳华，白洁，姜艳，等．黄河三角洲湿地硝化作用强度及影响因素研究［J］．海洋湖沼通报，2008（2）：61-66.

［285］闵骞，占腊生．1952—2011年鄱阳湖枯水变化分析［J］．湖泊科学，2012，24（5）：675-678.

［286］潘慧云，徐小花，高士祥．沉水植物衰亡过程中营养盐的释放过程及规律［J］．环境科学研究，2008，22（1）：64-68.

［287］唐陈杰，张路，杜应旸，等．鄱阳湖湿地沉积物反硝化空间

差异及其影响因素研究［J］. 环境科学学报，2014，34（1）：202-209.

［288］王鸣远. 菹草腐烂分解对污染物稀释及对沉积物厌氧氨氧化细菌的影响［D］. 镇江：江苏大学，2016.

［289］王圣瑞，倪兆奎，储昭升，等. 江湖关系变化及其对鄱阳湖水环境影响研究［J］. 环境科学学报，2015，35（5）：1259-1264.

［290］叶春，刘元波，赵晓松，等. 基于 MODIS 的鄱阳湖湿地植被变化及其对水位的响应研究［J］. 长江流域资源与环境，2013，22（6）：705-712.

［291］余莉，何隆华，张奇，等. 三峡工程蓄水运行对鄱阳湖典型湿地植被的影响［J］. 地理研究，2011，30（1）：134-144.

［292］张昆，田昆，吕宪国，等. 纳帕海湖滨草甸湿地土壤氮动态对水文周期变化的响应［J］. 环境科学，2009，30（8）：2216-2220.

［293］郑九文. 水生植物分解过程中微生物群落多样性研究［D］. 南京：南京师范大学，2013.

［294］胡振鹏，葛刚，刘成林，等. 鄱阳湖湿地植物生态系统结构及湖水位对其影响研究［J］. 长江流域资源与环境，2010，19（6）：597-605.

［295］刘凯，倪兆奎，王圣瑞，等. 鄱阳湖不同高程沉积物中磷形态特征研究［J］. 中国环境科学，2015，35（3）：856-861.

［296］马利民，张明，滕衍行，等. 三峡库区消落区周期性干湿交替环境对土壤磷释放的影响［J］. 环境科学，2008，29（4）：1036-1039.

［297］马双丽，倪兆奎，王圣瑞，等. 鄱阳湖沉积物有机磷形态及对水位变化响应［J］. 环境科学学报，2016，36（10）：3607-3614.

［298］欧阳千林，刘卫林. 近 50 年鄱阳湖水位变化特征研究［J］. 长江流域资源与环境，2014，23（11）：1545-1550.

[299] 李爽．鄱阳湖水位变化和典型植物对土壤磷释放影响研究[D]．南昌：南昌大学，2014.

[300] 孙志高，刘景双．湿地枯落物分解及其对全球变化的响应[J]．生态学报，2007，27（4）：1606-1618.

[301] 汤显强，吴敏．水位调控对河口沉积物磷赋存及生物可利用性的影响[J]．长江科学院院报，2015，32（12）：8-13，17.

[302] 王明．干湿交替驱动下土壤微生物量及 N_2O 变化规律[D]．北京：中国农业科学院，2013.

[303] 王圣瑞，舒俭民，倪兆奎，等．鄱阳湖水污染现状调查及防治对策[J]．环境工程技术学报，2013，3（4）：342-349.

[304] 王晓钧，丁士明，蒋海青，等．湖泊磷的核磁共振（NMR）分析——1 环境标准样品的 ^{31}P-NMR 表征[J]．湖泊科学，2008，20（1）：45-50.

[305] 王悦敏，倪兆奎，冯明雷，等．鄱阳湖枯水期沉积物磷释放特征及对水位变化响应[J]．环境科学学报，2017，37（10）：3804-3812.

[306] 吴琴，尧波，朱丽丽，等．鄱阳湖典型苔草湿地生物量季节变化及固碳功能评价[J]．长江流域资源与环境，2012，21（2）：215-219.

[307] 武海涛．吕宪国，杨青．湿地草本植物枯落物分解的影响因素[J]．生态学杂志，2006，25（11）：1405-1411.

[308] 向速林，周文斌．鄱阳湖沉积物中磷的赋存形态及分布特征[J]．湖泊科学，2010，22（5）：649-654.

[309] 武晓飞，李大鹏，汪明，等．反复扰动下加藻对不同形态磷相互转化的影响[J]．中国环境科学，2015，35（4）：1187-1196.

[310] 杨继松，刘景双，于君宝，等．三江平原沼泽湿地枯落物分解及其营养动态[J]．生态学报，2006，26（5）：1297-1302.

[311] 袁和忠，沈吉，刘恩峰．太湖不同湖区沉积物磷形态变化分析 [J]．中国环境科学，2010，30（11）：1522-1528.

[312] 张雷，古小治，王兆德，等．水丝蚓（Tubificid worms）扰动对磷在湖泊沉积物—水界面迁移的影响 [J]．湖泊科学，2010，22（5）：666-674.